I'm マギー

KODANSHA

肌アレ、全身パツパツ。
ハタチの暗黒時代が
マギー美容の原点

「美容は趣味」——。私は取材で「マギーにとって美容とは？」と聞かれたら、そんなふうに答えます。それくらい美容が好きだし、楽しんでやっているから。美容を面倒くさいと思う人も多いみたいだけど、私にはその感覚がわからなくて。じゃあ、どうして私はこんなに美容が好きなんだろう？と考えた時に行き着くのが、20歳の頃の辛い経験。当時、TVの仕事が増えてきて、でもまだ知名度は全然ないから、すごく忙しいのに誰も自分のことを知らないっていうズレを感じていました。それにモデルの私はタレントさんたちにはとうてい敵わないし、でも敵わないって思う自分もキライで、とにかくストレスがすごかった。で、そのストレスを解消しようと、友達と朝まで飲んで食べて遊んで。それで共演者の方からも心配されるくらい体もパンパンになって、写真を修整されるくらい肌が荒れて、そ

のストレスを発散しようとまた遊んで……。人にはキツくあたっちゃうし、全てが悪循環で。さすがに限界を感じて、このままじゃダメだ！と皮膚科に通い始めました。そこからです。私が美容に目覚めたのは。

まず食事を見直して、夜更かしもやめて、生活を変えることから始めました。化粧品もじっくり選ぶようにして、ストレッチも始めて。そうするうちに肌の調子がよくなってきて、体もすっきり。肌と体に変化が出ると、がぜん美容が楽しくなって。周りの人にも褒められることが増えてきて、心底「美容って楽しい！」と思えるようになりました。その頃のことは今思い出しても涙が出るくらいイヤな記憶だけど、あの辛さを経験したからこそ今があるし、がんばれば必ずキレイになれるってことを実感できた。だから、ムダではなかったのかなって、今になって思えます。過去のことは手放しちゃうタイプだけど、あの経験だけは忘れちゃダメだな、と。

そんな想いを詰め込んだのが『I'm マギー』です。この本が美容をがんばる人のヒントになったら嬉しいし、理想の女性を目指して、一緒に美容をがんばりましょう!!

コレが暗黒時代のハタチの頃。ViViの撮影で用意された服がパツパツだった、なんてことも……

Hi, I'm Maggy
I'm a beauty-holic

マギー23歳。趣味は美容です。
まずは私のビューティライフ24時をご覧下さい。

beauty-holic #002
洗顔&シャワーでスッキリ。HABAのスクワランオイルで朝のスキンケア完了！

洗顔だけじゃなく朝のシャワーも、頭と体を目覚めさせるために欠かせません。スキンケアは仕事の現場でしっかりやるので、家ではHABAのオイルだけ。ボディはココナッツオイル＋クリームを。

→ 詳細はP72へ

beauty-holic #004
季節のフルーツを切ってジップロックへ。

胃腸が弱くて朝ごはんは食べられないから、メイク中や撮影の合間につまめるようにフルーツを切って持ち歩きます。

フルーツは旬を楽しむ

good morning!!

1滴でうるおう 溺愛オイル
サラッとなじんで浸透し肌を保護。高品位「スクワラン」60ml ¥4600／ハーバー研究所

目覚まし効果も◎！
レモン白湯は朝飲む用と持ち歩き用に。レモンは市販の100％果汁で。

beauty-holic #003
朝のボディクリームは好きな香りのものを。

朝から香水はつけたくない。でも気分を上げたい。だから朝のボディクリームは香りを最重視！

→ 詳細はP62へ

beauty-holic #001
朝イチですることは"レモン白湯（さゆ）"づくり。

マギーの美的一日は、お湯をわかすことからスタート。今ハマってる"レモン白湯"をつくるための習慣です。

マギー

1992年5月14日生まれ。
神奈川県出身。「ViVi」専属モデルとして人気を集めるほか、日本テレビ「ヒルナンデス!」月曜レギュラー、日本テレビ系列「バズリズム」MC、テレビ大阪「わざわざ言うテレビ」レギュラーなどTV出演も多く、マルチに活躍中。

抜群の保湿効果。ツヤ肌が続く

ライトな使用感。シアリッチボディローション 250ml ¥3600／ロクシタン ジャポン

beauty-holic #006

TVに出る前は全身にボディクリームを塗ります。

肌がツヤッと見えるように、ボディクリームをたっぷり塗ります。でも香りがあると共演者の方に迷惑をかけちゃうから、無香料のシアバターを。

肌が見えるところはもちろん、見えないところまでくまなく保湿!

beauty-holic #008

さあ出番!好きな香りをシュッとひとふきしてテンションを上げていきます。

香水はミニボトルに入れ替えて、つねに4〜5種類を持ち歩く。自分だけが楽しめる程度の量を服の中にシュッとして、テンションUP!

→詳細はP84へ

ミニボトルに入れるのは、香水コレクションの中でも特に好きな香り。気分UPの必需品!

beauty-holic #007

ハンドクリームもシアバター♡ネイルオイルも欠かさずに!

ハンドクリームはいつも持ち歩いていて、気づいた時に塗ってます。爪先が乾燥する時はネイルオイルも!

キレイな手＆爪の必需品

左から・弱った爪を強化。ネイルエンビー ピンク トゥ エンビー 15ml ¥3900／オーピーアイジャパン　マニキュアの色持ちを底上げ。アンドネイル オーガニックブレンドオイル 10ml ¥1600／石澤研究所　IK ハンドクリーム 75ml ¥1900／三和トレーディング

指先もこまめにケア

beauty-holic #005

現場に到着!まずはシートマスクでうるおい補給。そのあとにスキコン or エクサージュでケアします。

メイク前のスキンケアは、シートマスクでの水分補給から。水分をたっぷり与えたうえで、赤みがある時はスキコンを、柔らかくしたい時はエクサージュを使ってケア。

→詳細はP71、P72へ

beauty-holic #009

収録中も休憩中も リップクリームはしょっちゅう！

しゃべってるとリップがとれちゃうから、ローズサルブを持ち歩いてこまめにON。唇は24時間うるツヤで！

またまたリップクリーム

食材の買い出しに！！

ソリデンテへ

beauty-holic #010

ランチに食べるのは アースカフェのサラダが定番！

ランチの定番はアースカフェのサラダ。バジルチキンサラダとベビーリーフのサラダが、おいしくて好き。

→ 詳細はP45へ

疲れ解消には
チンして温める
肩用カイロ
100％あずきの天然蒸気で冷えとコリを解消。あずきのチカラ 首肩用
¥1650／桐灰化学

お腹や腰を
じんわり温めて
冷えを防止！
めぐりズム 蒸気の温熱シート 下着の内側面に貼るタイプ 5枚入 オープン価格／花王

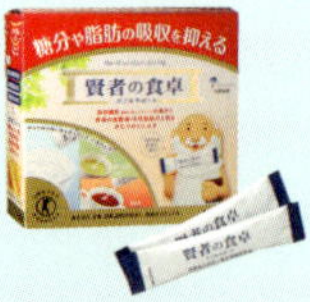

beauty-holic #011

本日のお仕事終了！

ソリデンテに行くか、家で自炊するか、たいていこの2コースが定番です。早めの時間に仕事が終われば、ボディメンテナンスしにソリデンテへ。夜になっちゃったら帰宅して自炊。

→ 詳細はP48へ

脂肪や糖分は
できるだけOFF
脂肪や糖分の吸収を抑える。賢者の食卓 ダブルサポート 6g×30包 ¥1800／大塚製薬

beauty-holic #012

帰宅後はすぐにメイクオフ！使うのはシュウのクレンジングとキュレルの泡洗顔。そのあとはHABAのオイルだけ。

帰ったらすぐに洗顔！ お風呂の後にスキンケアするので、それまではHABAのオイルだけで過ごします。

→ 詳細はP61へ

beauty-holic #014

入浴後はカシウエア！タオルもガウンもマットもぜ〜んぶカシウエアです。

カシウエア大好き！ ふわふわもこもこが気持ちいい！ お風呂〜寝る前までが私にとっての至福タイム だから、肌に触れるものからも幸せを感じたいんです。

→ 詳細はP65へ

髪には
オイルも♡

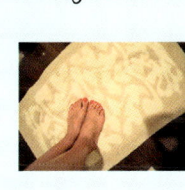

beauty-holic #016

歯みがきして、おやすみなさい♥

最後は歯みがき。フィリップスの電動歯ブラシは、歯がつるんとして気持ちいい。歯みがきが終わったら就寝。

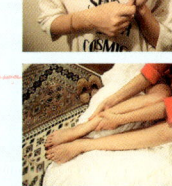
歯ブラシは電動！

beauty-holic #013

お風呂のお湯をためながら料理したり、雑誌を読んだり……。

毎日湯船につかるので、お風呂をためている間も有効活用。ごはんをつくって食べたり、雑誌を読んだり。

beauty-holic #015

至福のボディケアタイム♥ストレッチ&マッサージを念入りに。

食事を抜くことがあっても、ストレッチ&マッサージは休まない。それくらい大事で幸せな時間。疲れがリセットされます。

→ 詳細はP38へ

good night!

寝てるときも
むくみケア
メディキュット 寝ながら
メディキュット ショート
オープン価格／レキット
ベンキーザー・ジャパン

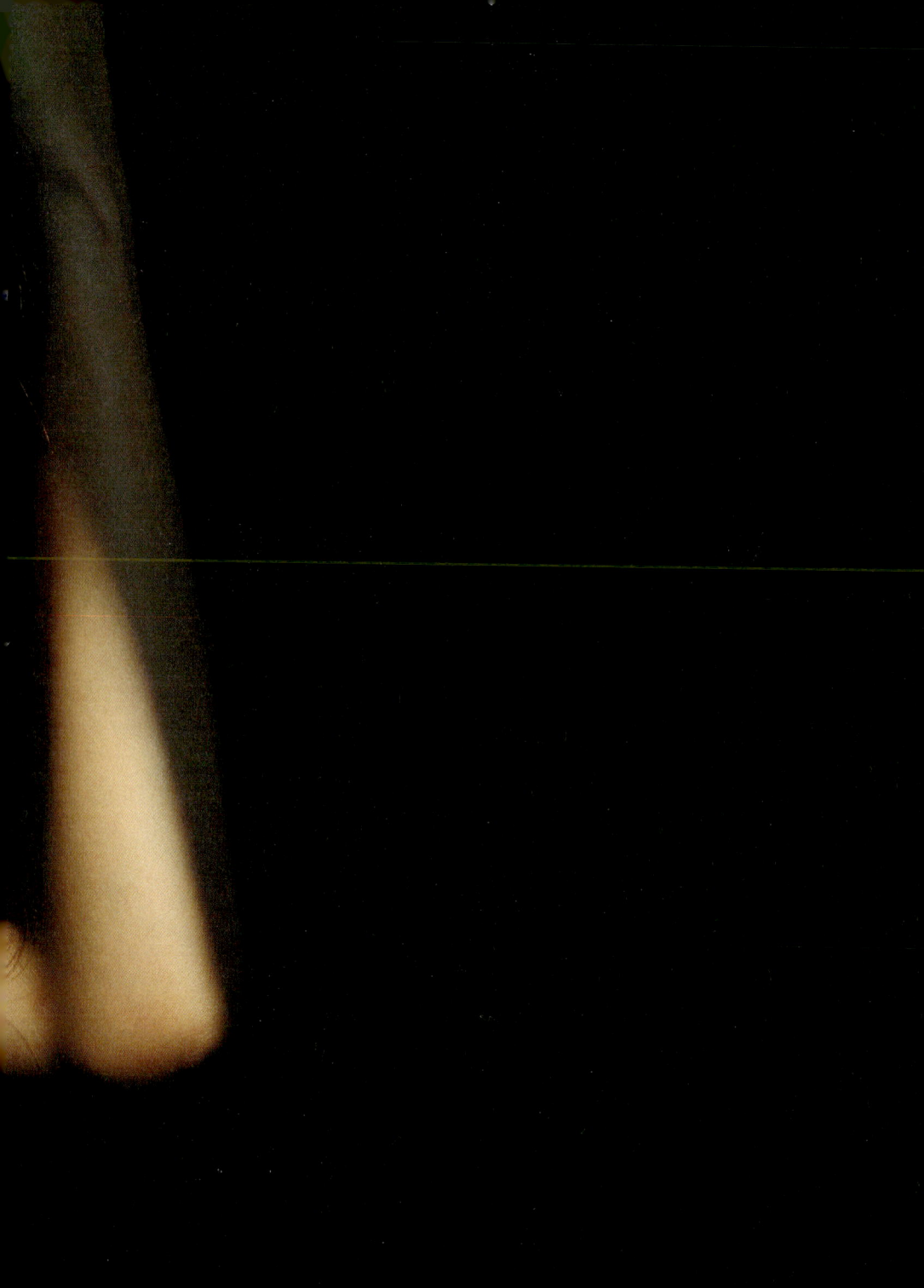

CONTENTS

2　　はじめに
4　　マギーの美的生活24時

18　**MY FASHION**
マギ服：スタイルがよく見える服の選び方

36　**BODY MAKING**
マギトレ：色気のある体のつくり方

48　**HEALTHY FOOD**
マギ飯：お腹が満たされる健康美人食

56　**MOISTURIZING**
うるおい注入術：女の子はうるおいがすべて。

74　**LOVE MAKE-UP,
LOVE TALK**
ラブなメイク、ラブなハナシ

98　**MY ROOM**
自宅公開：マギーの美容基地をお見せします

106　**BEAUTY TALK**
憧れの女性 萬田久子さんと美容談義

112　**MY DREAM**
夢があるから頑張れる

122　**FROM MAGGY**
あとがき

124　お問い合わせ先

RULE 1. MY FASHION

マギ服：スタイルがよく見える服の選び方

マギーファッションの極意は、シンプルで
上品で、スタイルよく"魅せる"服!!

毎朝着ていく洋服を身につけたあと、全身鏡で360度チェックしてる。スタイルが悪く見えていないか、もうすこしココを上げたほうがいいかな、インスタイルにするべきかな、ヒールを履くべきかな？　なんて考えながら。私はきらびやかな服よりシンプルな服が好き。でもその分、自分の体型に合う服をしっかり見極めることをとても重視しています。だから少し値の張るブランドものも時には必要。もちろん形がよくて毎日でも着られるプチプラ服も必要。要は自分の身体になじむ服かどうか。それが私にとっての価値ある服です。スタイルをよく見せるための最大限の努力は、毎日欠かしません。その結果、可愛いって言葉をかけてもらえるから頑張れるんです。

※P18〜35に出てくるシャネルのアイテムは本人私物です。
シャネルブティックへのお問い合わせはご遠慮ください。

1. MY FASHION

#テーマは彼の親にいにいくとき　#品のある花柄で勝負
#てろてろだから上品　#後ろを向くと実はすごいんです　#360度ぬかりなく

DRESS:TOPSHOP，BAG:SLY，BOOTS:STELLA McCARTNEY

#気分は'70s　#コーデュロイパンツ　#ワイドパンツ
#ハイウエストが好き　#ひきずるくらいの長い丈が可愛い　#最強に脚長効果

KNIT:CEDRIC CHARLIER，PANTS:STUSSY WOMEN，SHOES:CONVERSE

#白ワンピ　#白コットンレース　#丸えり　#甘めって意外ですか？
#大事なのは自分のテンションがアガるかどうか　#全身サンローラン

DRESS:SAINT LAURENT，BOOTS:SAINT LAURENT

#変型ニット #珍しくハイネック #コンバースLOVE #ハイカットカット派 も足首を見せてはくとバランスUP

KNIT:THE ROW、T-SHIRT:Y&O、DENIM:MOUSSY、BAG:MATATABI、SHOES:CONVERSE×Cher

1. MY FASHION

#ワンピの気分　#女の子な気分　#でもメンズMIXは忘れない
#このブーツほんとに使える　#黒コーデ　#透けてるから重くならない
#グランジ　#カラーファーでアクセント　#3.1 Phillip Lim
DRESS:Muveil, BAG:3.1 Phillip Lim　BOOTS:GIVENCHY

#CÉLINEのライダース　#一目ぼれ　#一生着られるスタンダード　#いっぱい着て柔らかくしていこう
#実は濃いネイビーです　#裏地の赤もお気に入り　#デニムとTシャツでサラッと
JACKET:CELINE, TSHIRT:MARKUS LUPFER, DENIM:MOUSSY, BAG:202 FACTORY, SHOES:Gianvito Rossi

#デート服　#上品な花柄　#レースMIXのトップス
#部分レース大好き　#ボアブーツでカジュアルダウン
TOPS:Cristi Garçonne, SKIRT:STELLA McCARTNEY, BAG:SAINT LAURENT, BOOTS:Chloé

#お気に入りのファーコート
#グレーパープルっぽいなんとも言えないイイ色にきゅん
#ワンピっぽく着こなしたい
#足元はブーツでカジュアルダウン
#お気に入りのブーツ　#ジバンシィ
#バッグはミニマム派　#シャネル

COAT:The SECRETCLOSET, DRESS:STELLA McCARTNEY,
BAG:CHANEL, BOOTS:GIVENCHY

#ワントーンコーデ　#グレー　#流行りのnorthonニット
#足元はヒールでスタイルUP　#脱パジャマ風　#ニットボトムは後ろ姿を必ずチェック
#腰周りひざ、太ものゆる、が正解　#サングラスで抜け感プラス
#レースをちら見せ

KNIT TOPS:Ungrid, KNIT PANTS:LAGUNAMOON, LACE INNER:Cristi Garconne,
BAG:Chloé, BOOTS:Nicholas kirkwood, SUNGLASSES:BURBERRY,

#モテコーデ　#ZARAのでるシャツ　#ピンクも大好き　#モテトーン
#胸元がVに開くシャツが好き　#たまには甘いコーデも

SHIRT:ZARA, SHORT PANTS:deicy, BAG:SAINT LAURENT

1.MY FASHION

#'70s #レーストップス大好き #上品に見えるから
#ハイウエスト #ハイウエストのフレアデニムパンツでスタイルUP #久々のサボ
TOPS:Isabel Marant, DENIM:MOUSSY, BAG:LOUIS VUITTON, SHOES:Ralph Lauren

#ひとめ惚れのライダース #ヴィンテージ感 #コンバースでラフに
#お気に入りバッグ #チェック柄でブランス感UP
#台形スカートで脚細効果を狙います
JACKET:GOLDEN GOOSE, T-SHIRT:CHANEL, DENIM:ZARA,
BAG:SAINT LAURENT, SHOES:CONVERSE

#白コットン好き #甘い白コットンをあえてハードに #スリットがあるから抜け感が出るんです◎ #ハズしのキャップ

DRESS: alice McCALL, JACKET: Acne, CAP: Supreme, BAG: MERCURYDUO, SHOES: CONVERSE

#○'70s #実は一番好きなテイストかも #スエード大好き #台形ミニ #ボウタイはきちんと結ぶ派 垂らすのがこだわり

SHIRT: The SECRETCLOSET, SKIRT: ZARA, SUNGLASSES: MIU MIU

#シルエットが可愛い #袖が大きめ #ちゃんと選べばボーダーも好き
#ボーダー=太く見えるは迷信できょ #ボトムはコンパクトに #初めてのおじ靴 #靴下マスト

KNIT:Chloe, DENIM:MOUSSY, BELT:Isabel Marant, SHOES:MIU MIU

#雨の日コーデ　#トレンチバードで気分がUP
#ヴィンテージショップのサイトで見てひとめ惚れ
#枯天寺のARMS CLOTHING STORE　#レインブーツ
#脚がきれいに見える形　#雨の日でもスタイルUP
COAT:Vintage, TOWE-PIECE:CANDI, BOOTS:LOUIS VUITTON

#定番コーデ　#鉄板コーデ　#美シルエット
#このデニム、実はViViの表紙ではきました　#ロングカーデで縦長効果　#ポインテッドヒールで大人に
KNIT OUTER:LAGUNAMOON，T-SHIRT:FLAGSTUFF，DENIM:Alexa Chung For AG，
BAG:CHANEL，SHOES:Sergio Rossi

#白デニムLCVE
#珍しくハイネック　#猫が可愛いんです
#サイドにスリットドス　#さらりと肌見せ
#10代からOne_teaspoonのファンです
KNIT:FURFUR, DENIM:One Teaspoor, SHOES:Gianvito Rossi

027

I will live the way I want...

モデルという職業は、常に最新の服を着て撮影するし、自然と次のトレンドが耳に入ってくる。もちろん好みで飛びつくこともあるけれど、基本的にはトレンドに左右されたくないって思ってます。だって、最新のおしゃれだとしても、その服たちが自分を可愛く見せてくれるかどうかは別だと思うから。だからといってブレないこだわりがあるわけではないけれど、ひとつ挙げるとするなら、品よく女らしく見えることを意識してるかな。ラフにTシャツやデニムを着ている日でも、上品さと女性であることは忘れたくないです。

#集めてるシャネルニット　#レトロ　#上品　#最強にスタイルよく見えるデニム
#'70s　#ハイウエスト　#フレアデニム　#あえてデニムでカジュアルに
#華奢なゴールドアクセで女子度UP　#アクセはゴールドかパールが好き
KNIT:CHANEL, DENIM:H&M

1. MY FASHION

#一番好きなコーデ #素敵なシルエット
#ベージュLOVE #小物は上品にベージュ系
#ブーツもベージュ
DRESS:SAINT LAURENT, BAG:CHANEL, BOOTS:CÉLINE

#好きな色はピンク #ピンク調のスカート #セレクトショップのCANNABISで見つけた
#お気に入りのブランド #甘い服には黒ショートブーツで辛さMIX
KNIT:EMODA, SKIRT:Vargas, BOOTS:GIVENCHY

#シャネルのジャケコート #ヴィンテージ #大きめのサイズ感が好き
#バッグにはスカーフをON #ヴィンテージ感が更にUP
COAT:CHANEL, T-SHIRT by ALEXANDER WANG, DENIM:MOUSSY, BAG:GUCCI, SCARF:CHANEL, BOOTS:STELLA McCARTNEY

#たまにはニーハイブーツ #脚がすごく綺麗に見える #ニーハイでそそきちんとしたブランドのものを
#ボトムはデニムショー #女らしいニーハイをデニムでカジュアルダウン
KNIT OUTER:MINKPINK, BOOTS:Gianvito Rossi, BAG:Chloé

030

#品のあるものにはデニムを　#コレ、わたしの定番ルール　#一目ぼれのトレンチ　#デニムといえばマウジー　#運命の一枚　#後ろのプリーツが♡　#マウジーデニムのファンです　#後ろ姿までお見せします　#腕まくってこなれ感

COAT:MIU MIU、T-SHIRT:T by ALEXANDER WANG、DENIM:MOUSSY、BAG:CHANEL、SHOES:TSURU by Mariko Oikawa

031

#ホワイトコーデ　#実はサイドがレース　#こういう小ワザ好き
#お気に入りのクラッチバッグ　#やっぱりこのブーツ好き♡
KNIT:N°21, DENIM:MOUSSY, BAG:202 FACTORY, BOOTS:GIVENCHY

#It BAG　#小さいバッグが基本　#中身は財布、ケータイ、リップ、目薬、充電器、
小瓶に入れ替えた香水　#上品　#台形ミニ　#リボン付きブーツ
SHIRT:H&M, DENIM:MOUSSY, BAG:SAINT LAURENT, BOOTS:SAINT LAURENT

#シャネルのシャツ　#ヴィンテージ　#運命の出会い　#胸元がVに開くシャツが大好き
#気分があがる　#大人なシャツにはデニムでカジュアルに
SHIRT:CHANEL, DENIM:Levi's

#Levi's　#ハイウエスト　#切りっぱなし
#スタイルUPデニム

「私の中でデニショーといえばコレ。腰まわりはキュッ、脚の部分はゆったりの美脚に見える黄金の形」

#CÉLINEのライダース　#一番高い買い物
#一生モノ　#赤の裏地がお気に入り

「このコとならずっと生きていける(笑)。一緒に歳を重ねていきたい一枚。シンプルに×デニムが定番です」

#コンバース　#今年デビュー　#ハイカット
#ミニのときだけインソール入れます

「この夏はじめて履いて以来、私の定番に仲間入り。やっぱりハイカットがおしゃれで好きです」

#MIU MIUとステラ　#どちらもごひいき
#小ワザがきいてる

「他のブランドに比べてデザイン性が高くて好き。レトロな雰囲気もあって'70sファッションにぴったり」

#T by ALEXANDER WANG
#全色揃えてる　#これはほんの一部
#永遠のベーシック

「てろっとした素材と胸のあき具合、シルエットがパーフェクト。トレンド問わず、ずっと愛用してる」

#CHANEL　#チェーンバッグ
#一番持ってるバッグです

「CHANELのバッグは新作もヴィンテージも好き。上品なデザインがたまりません」

MY FAVORITE!!

私のリアルなおしゃれを作っているモト。

#ブランド黒ブーツ　#靴はいいものを
#右のジバンシィが一番使える

「レディライクな服にはハズしの黒ブーツ。右からジバンシィ、SAINT LAURENT、STELLA McCARTNEY」

#CHANELニット　#毎年買い足してる
#全部で7枚持ってます

「少しずつ買い足して、いつの間にかこんな量に。他にはないレトロなデザインに心から惚れてるの」

#It BAG　#小さいバッグが基本です
#小バッグは女のコの特権

「普段から小さいバッグ派。今年買ったチェック柄のサンローランはシンプル服のいいアクセントに」

#マウジーのデニムLOVE　#鉄板デニム
#19歳からお世話になっております

「LAファッションに憧れて19歳の頃にデニショーを買ったのが始まり。以来マウジーデニムは私のNo.1」

#JAMES PERSE　#白T
#白Tは特に形と素材にこだわってます

「白のみを5枚所有するほど ここの白Tのファン。V開きや丸首など胸元の形問わず女っぽく着られるの」

#CAP　#ハズしに　#ストリートMIX好き
#メンズブランドで買います

「メッシュじゃなく布だとカジュアルすぎずかぶりやすいよ。上からSupreme、FLAGSTUFF、New Era」

RULE 2. BODY MAKING

マギトレ：色気のある体のつくり方

しなやかだけど、ヒールを履くとピッと筋肉が見える。
そんな体が理想。締まってても女らしさがないと、ね。

いいスタイルでいることは、モデルとして服をキレイに着こなすため、っていうのはもちろんだし、憧れの目で見てくれる人をガッカリさせないための、ある意味マナーだと思ってます。だから体づくりはマスト！ スポーツが大好きだから、ほんとはジムでトレーニングしたり運動したいけれど、私、筋肉がつきやすいタイプなので、ハードにやりすぎると男っぽい体になっちゃう（笑）。それじゃ色気がないな〜って。あと、忙しい毎日の中でムリなく続けられることも重要。それで行き着いたのが、毎日のストレッチとマッサージ。しなやかな女らしさがあるけれど締まるところは締まってる。そんな理想の体をイメージしながら、できるだけ自分の手でメンテナンスしてあげる。そういう積み重ねが、"頑張ってるから大丈夫！"っていう自信になるんです。

このラインが好き♡

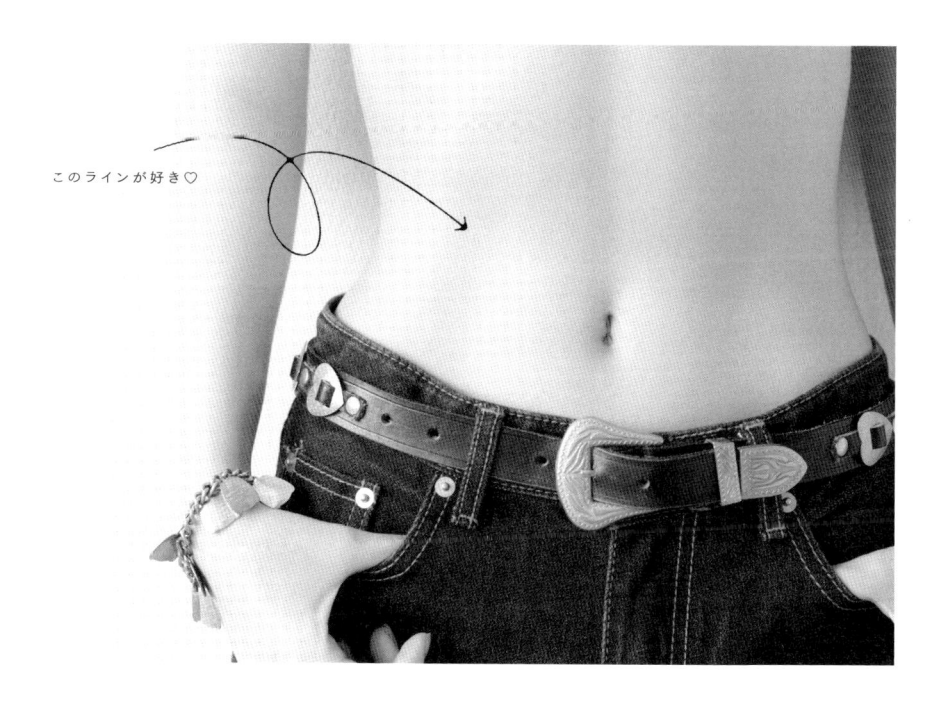

MAGGY'S BODY DATA

Height:171cm   Weight:48kg   Bust:80cm

Waist:59cm   Hip:84cm

DAILY STRETCH

毎日している運動はストレッチだけ!!
続けられることをコツコツと、が大事!!

2. BODY MAKING

☑ まずはストレッチポールで肩甲骨を動かしてストレスをリセット

日々の緊張とストレスで肩甲骨まわりが固まりがちに。
まずは肩甲骨をほぐして疲れをリセットする下準備から。

DAILY STRETCH 1 背骨をポールの軸に合わせる

DAILY STRETCH 2 バンザイするように両腕を上へ

DAILY STRETCH 3 肘が上がらないよう腕を曲げていく

DAILY STRETCH 4 しっかり曲げたらゆっくり戻す

①ストレッチポールの上に、ボールのセンターと背骨が合うように寝る。②そのまま両腕をバンザイするように頭の方へ伸ばす。③腰がポールから浮かないよう注意しながら、両腕を曲げていく。④肩甲骨でポールを挟むような感じで腕を曲げきったら、再びゆっくりバンザイ。20回繰り返す。

☑ 歯みがきしながら股関節を伸ばす

股関節の硬さが、一番の課題。イスに足をのせて、前へ、横へストレッチして柔軟性UP。

DAILY STRETCH 1
背の高いイスに片足をのせる

DAILY STRETCH 3
今度は横へ限界まで体を倒す

DAILY STRETCH 2
脚を伸ばしたまま限界まで前へ

①背筋をピンと伸ばして立ち、片足をイスの上へ。イスは股下の長さと同じくらいの高さのものが◎。②上半身を前に倒し、できる限り脚と胸を近づけていく。上げた脚が曲がらないように要注意。③いったん上半身を元に戻したら、今度は横へ。体が前や後ろに倒れないように。左右5回ずつ。

DAILY MASSAGE

マッサージしない日なんてない！
疲れている日こそしっかりと！！

☑ 脚のむくみをOFFする

疲れが一番出やすいのが脚。むくみを明日に残さないために、疲れている時こそ入念にマッサージ！

DAILY MASSAGE 1
足の指〜甲を強めに流す

DAILY MASSAGE 2
ふくらはぎとすねを上へ流す

DAILY MASSAGE 3
ふくらはぎを下→上へもむ

DAILY MASSAGE 4
膝まわりをもんで柔らかく

DAILY MASSAGE 5
太ももの内側をもみほぐす

DAILY MASSAGE 6
太ももの外側をもみほぐす

①足の指から甲へと強めの力で押し、リンパを流す。②ふくらはぎとすねも下→上へ流す。特にすねの外側のラインをしっかり流すことで、むくみ解消効果がよりUP。③ふくらはぎをもむ。もむことで腫れて固まっていた筋肉と脂肪がほぐれ、リンパが流れやすい状態に。④膝裏のリンパ節を刺激しながら、膝まわりをもみほぐす。⑤太ももの内側をもみほぐす。脂肪をつぶすようなイメージで。⑥太ももの外側もやや痛みを感じるまでもみほぐす。

☑ 二の腕〜脇をほぐしてリンパを流す

二の腕は女らしさが出るパーツ。リンパを流してむくみを解消しつつ、もんで柔らかさをキープ。

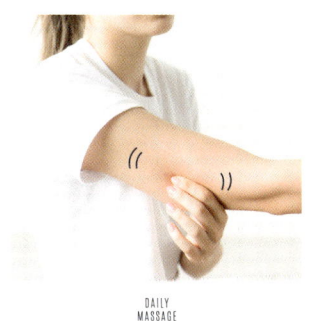

DAILY MASSAGE 1
つまむようにもみほぐす

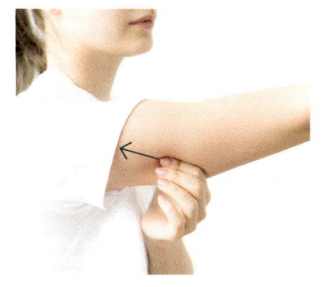

DAILY MASSAGE 2
肘→脇の下へリンパを流す

リンパ節がある脇の下を軽くもんでから、肘→脇へ細かく二の腕をもみほぐす。手の平全体でつかむようにもみ、最後に脇へ流す。

☑ 腸マッサージ

お腹が張ると顔がむくむし、便秘になると肌が荒れちゃう。腸マッサージでいつもスッキリお腹に！

DAILY MASSAGE 1
おへその上からスタート

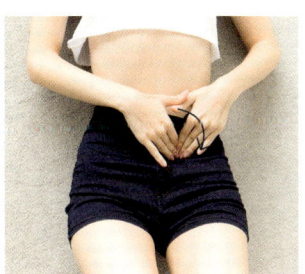

DAILY MASSAGE 2
時計回りに押し流していく

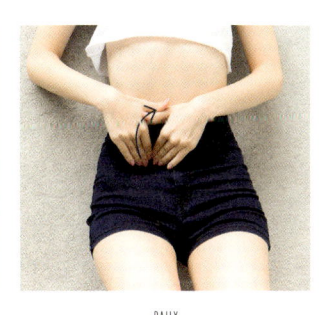

DAILY MASSAGE 3
痛いくらいの圧でプッシュ

☑ すべてのストレッチの前にそけい部をゆるめる

大きなリンパ節のある
そけい部をほぐして効果UP

おへその少し上を両手でぐっと押し、そこから時計回りに腸を流していく。リンパ力をゆるめず少し痛いくらいの強さで流し、途中、左上、左下、右下、右上のポイントをより強く押して刺激。

☑ フェイスマッサージ

丸顔でむくみやすいのが悩み。撮影前はもちろん、夜もフェイスマッサージでむくみをきちっとオフ。

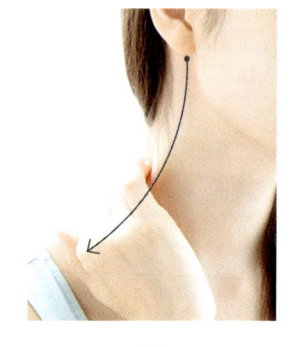

2. BODY MAKING

FACE MASSAGE
1
フェイスラインをゴリゴリ

FACE MASSAGE
2
頬骨下のくぼみをプッシュ

FACE MASSAGE
3
耳下→首へリンパを流す

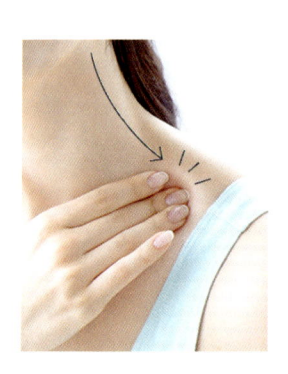

FACE MASSAGE
4
鎖骨のくぼみを強めに押す

FACE MASSAGE
5
指の腹で頭皮をもみほぐす

マッサージは信頼している
サロン「ソリデンテ南青山」で
教えてもらったものを
自己流にアレンジ！

ソリデンテ南青山 学芸大学店
⊕東京都目黒区鷹番3-18-20
塚原ビル2F ☎03-3711-6885
⊕10:00〜20:00 不定休 マ
ギーがよく受けているメニューは、
プレミオドレナージ¥24500

①②フェイスラインや頬をイタ気持ちいい強さでほぐす。③④耳下のツボを押してから鎖骨へと流す。⑤ツボがたくさんある頭皮もマッサージ。

042

Must Buy

マッサージのときに欠かせないアイテムたち

CLARINS

毎日ヘビーユース。なくてはならない〝締める〞3品

右から・脚のむくみにはコレ。世界中で長年愛される名品。ボディ オイル〝アンティ オー〟100ml ¥7000、マッサージしやすいなめらかテクスチャー。使い続けるほどに肌が締まってハリが高まる感覚が。クレーム マスヴェルト 190g ¥7700、太ももやお尻のセルライト対策に。トータル リフトマンスール EX 200g ¥7000／クラランス

OIL

マッサージにもうるおいケアにもオイルLOVE♥

右から・ツヤ肌に。ニュクス プロディジュー オイル 100ml ¥5100／ブルーベル・ジャパン 香水・化粧品事業本部　ジョンソン® ベビーオイル 無香料 300ml オープン価格／ジョンソン・エンド・ジョンソン　バイオイル 125ml ¥2800／ジャンパール　NEOM ボディオイル リアルラグジュアリー 100ml ¥6300／ステキ・インターナショナル

チマタで話題騒然!!

マギーの〝絞る月間〟のヒミツ

What's Shiboru Gekkan

そもそも〝絞る月間〟はナゼ生まれたのか？

20歳の暗黒時代を経てからは、太ることはなくなったし、食事だったり毎日のストレッチやマッサージで、ボディラインをキープできるようになりました。でも水着の企画だったかな？　雑誌で自分の体を見て、もの足りなさを感じて……。水着や下着の時はもっとがんばらなきゃダメだなと。それで始めたのが〝絞る月間〟。私にとっていつもは癒やしのボディケアも、この時だけは別。撮影の1ヵ月前からゆるく始めて、直前1〜2週間はジュースクレンズしたり筋トレしたり、必死になって絞ります。もう癒やしなんて言ってられない‼︎　そのかわり撮影が終わったら、好きなものをいっぱい食べて甘やかします。アメとムチですね（笑）。

What'sジュースクレンズ？

野菜やフルーツの栄養素を壊さずに抽出したジュースを食事に置き換えて飲むデトックス法。酵素やビタミンを効果的に摂れるうえ、消化器官を休めることもでき美容効果も◎。半日〜3日間ほど行うのが定番。

2. BODY MAKING

HOW TO DO

で、実際ナニをどうするの？

大事な撮影・勝負の日の1ヵ月前からゆる〜くSTART！

2週間前から

☑ 筋トレをはじめる。

☑ 食事の全体量を減らす。

☑ 肉は食べない!! 納豆・豆腐・サラダ中心に。

Why Juice?の
ジュースクレンズをしたり…

ゴールまで2週間をきったら、普段はしない筋トレを開始。V字腹筋でお腹にラインを入れたり、脚上げ体操でヒップアップしたり。同時に食事の量も減らして、納豆やお豆腐、もずく、サラダ……と完全に野菜中心に。最後の3日間はジュースクレンズを投入！ お腹がすいてもその気持ちにはフォーカスしないようにして、気合で乗り切ります!!

大好きな
IIrth Cafféの
サラダを食〜たり…

結果、こうなりました

マギー的に満足のいくボディに仕上がった4枚!!

@QUIKSILVER
ROXYの時は"日本人初のグローバルモデル"ということで、プレッシャーがすごかった！ でも納得いく体で撮影できました。

コレは気合の一枚。初の単独表紙だし"ハダカ"というテーマだったし、かなりがんばった!!

ビーチジョンも、絞り月間を経て臨む撮影のひとつ。歴代モデルがそうそうたる方々なので、見劣りしないようにといつも必死です。

@PEACH JOHN

@PEACH JOHN

MUSCLE TRAINING

〝絞る月間〟には筋トレもプラス。
腹筋と、コンプレックスのお尻を中心に！

2. BODY MAKING

☑ V字腹筋ひねり

両サイドに縦線が入るお腹を目指して腹筋。嫌いなお尻をセクシーに見せるためにも、くびれは必須。

MUSCLE TRAINING
① 上半身と脚を上げて「V」の字に

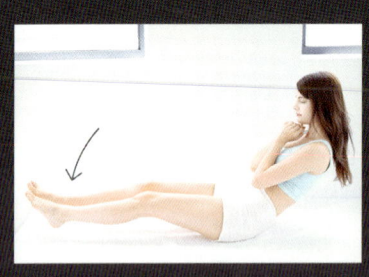

MUSCLE TRAINING
② 脚だけ床ギリギリまで下ろす

MUSCLE TRAINING
③ V字に戻してひねりをプラス

①仰向けになり、上半身と脚を上げV字に。②腹筋に力を入れながら脚を下ろす。③V字に戻って腰を左右にひねる。辛くなるまで繰り返し。

☑ ヒップアップ体操

体の中で一番嫌いなのがお尻。嫌いなままにはしたくないから、徹底的にヒップアップ‼

MUSCLE TRAINING
1 四つん這いになり片脚を水平に

MUSCLE TRAINING
2 できる限り高く上げ10秒キープ

FROM MAGGY
実はお尻がコンプレックス。大きくなりやすくて…

①四つん這いになって片脚を水平になるまで上げる。②上げた脚をさらに高く限界まで上げて10秒キープ。辛くなるまで繰り返し、逆の脚も同様に。

RULE 3. HEALTHY FOOD

マギ飯：お腹が満たされる健康美人食

食事を変えてから、肌がどんどんキレイになった。
「食べるものが肌をつくる」を知ったからこそこだわりたい。

20歳の頃、ひどい肌荒れから脱出するために始めたのが、食事を見直すこと。皮膚科の先生に教えてもらったり、食べ方についての本を読んだり、美容雑誌を見たり。暴飲暴食とか遅い時間まで食べるとかはもちろんやめて、「いい」って言われてるものを片っ端から試してみたりして。ちゃんと自炊するようになったのもその頃から。そうするうちに、何してもダメだった肌荒れがだんだん落ち着いてきて、ボディラインも自然とすっきり。「ああ、食べるものって大事なんだな〜。食べるものが肌や体をつくってるんだな〜」って実感した瞬間でした。それから食に対してはこだわりが。調味料はなるべく無添加のもの、野菜もできるかぎり無農薬、水は常温の硬水……って。大好きなお寿司や焼き肉、ハンバーガーは、がんばった時のご褒美にとっておいています。

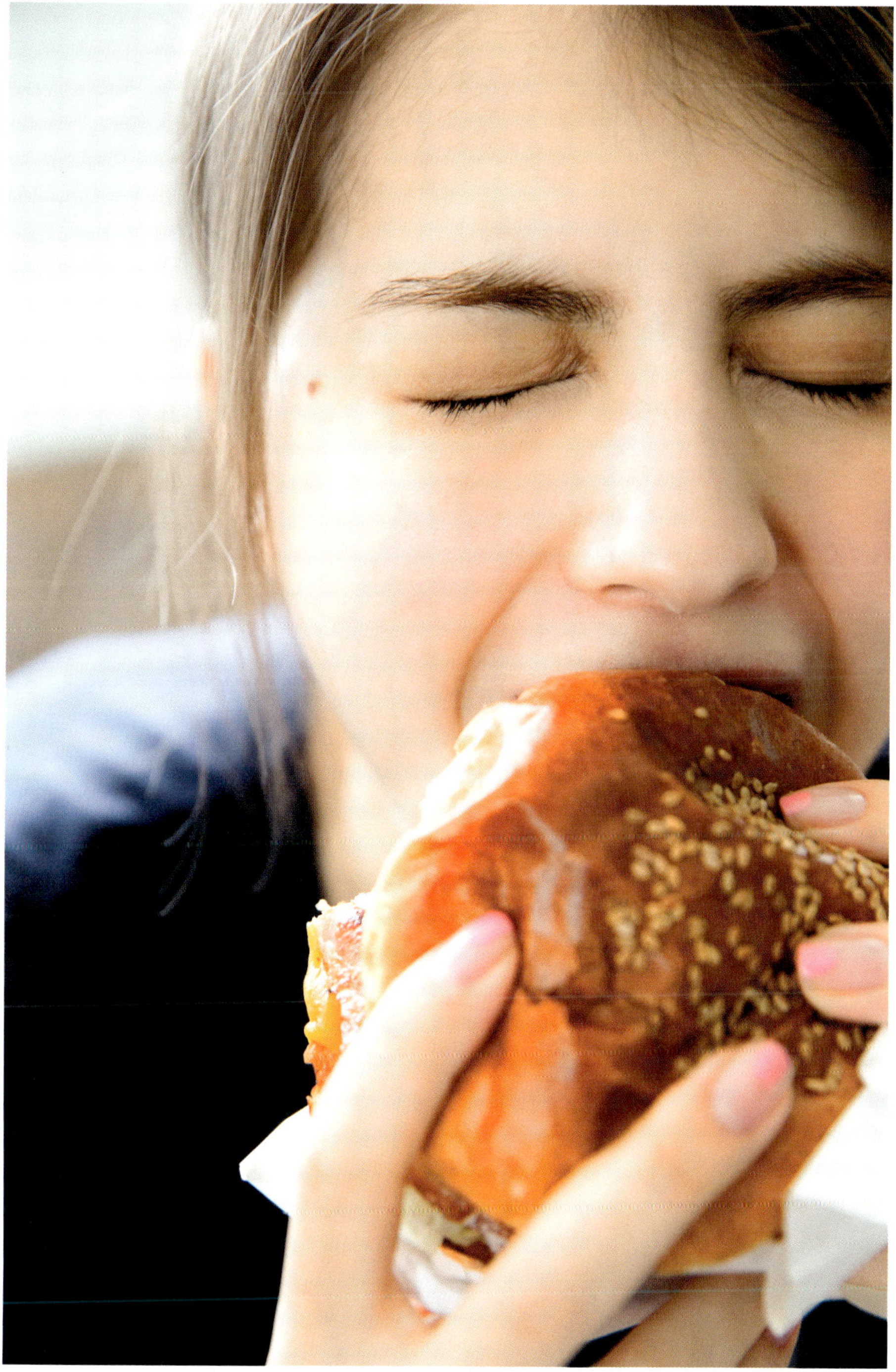

POWER FOOD

とっておきのスタミナ飯 BEST 2

3. HEALTHY FOOD

BEST 1　　　豚汁

食物繊維たっぷりで体を温めてくれる根菜と、疲労回復効果のあるビタミンB_1が豊富な豚肉を、一度にいっぱい摂れる豚汁は、マギ飯の定番中の定番メニュー。具だくさんで食べごたえがあるから、これだけでけっこうお腹いっぱいになるし、何より体が温まる〜。寒い季節はもちろんだけど、エアコンで冷えがちな夏にも出番が多いですね。疲れ解消には豚汁が一番です!!

RECIPE

ゴボウと人参を一口大に乱切りし、ゴボウは水にさらしてアクを抜く。こんにゃくは一口大にちぎって下茹でを。豚バラ肉を含めた全ての具材をごま油で炒めてしっかり旨みを引き出し、水を加えて具材に火が通るまで煮る。味噌をといたらお椀に盛り、小ねぎをのせて完成。

BEST 2　ゴーヤチャンプルー

おかず系でよくつくるのがゴーヤチャンプルー。ゴーヤにはビタミンCがたっぷり入ってるし、豚肉のビタミンBも肌にいいし、玉ねぎは血流をよくしてくれるし、意外と美肌効果が期待できるヘルシー料理だと思います。こだわりは具材も調味料もよけいなものを入れずにシンプルにつくるってこと。シンプルなほうが野菜のおいしさを感じられるし、味もまとまる気がします。

RECIPE

ゴーヤはわたをとってから薄切りし、塩水につけて苦味をとる。玉ねぎはくし形切り。豚肉は食べやすい大きさに。豚肉、玉ねぎ、ゴーヤの順に炒め、火が通ったら焼き目をつけておいた豆腐、卵を加えて、藻塩とオイスターソースで味付け。最後にあごだしをふりかける。

FOOD DIARY

キレイになれる。そして時にはガッツリ
お腹が満たされる。マギーの手料理ぜんぶ。

③ たまには鉄鍋すきやき
② そうめんは自家製だれで
① 大好きなフムス♥

⑥ 丸ごと玉ねぎは定番です
⑤ オニオンスープの下準備
④ レンコンはさみ揚げを主役に

⑨ おうちでキムチ鍋
⑧ 野菜三昧。煮物・蒸し物・炒め物
⑦ りんご&スムージー

⑫ 時々イタリアン♪
⑪ メインは鶏のねぎ塩だれ
⑩ 冷しゃぶとトマトサラダ

1 大好きなフムスをつくったよ。でもdaddyの味が一番好き！ 2 自家製ごま梅だれの豚しゃぶそうめん。さっぱりしててランチにぴったり♪ 3 今夜は鉄鍋ですきやき。おいしいものを食べると、次の日がんばれる！ 4 レンコンのはさみ揚げをメインに、ナムルやトマトのしらすのせもつくって野菜多めに。5 オニオンスープの下ごしらえで、あめ色玉ねぎ作成中。このひと手間がぐんっとおいしくなるコツ。6 豚しゃぶサラダ、お味噌汁、アスパラのおひたしに、定番の丸ごと玉ねぎ蒸しもつけて。7 いつかのランチ。りんごとグリーンスムージーで、胃腸にやさしく。8 たけのこ鶏肉の煮物、きのことほうれん草の炒め物、玉ねぎ蒸し、お味噌汁。野菜た〜っぷり！ 9 野菜がいっぱい摂れて体が温まる鍋は季節不問！ 10 トマトサラダは自家製の玉ねぎドレッシングで。11 鶏肉のねぎ塩レモンだれ、ほうれん草のナムル、具だくさんのお味噌汁。12 魚介と細アスパラのハーブ炒めとズッキーニの生ハムのせ焼き。たまにはイタリアンも♥

⑮ 豚汁登場！

⑭ チャンプルーを小松菜で

⑬ 品数も色も多めが理想

⑱ エッグベネディクト

⑰ 肉豆腐で温まる〜

⑯ えのきの肉巻き甘辛煮

㉑ 洋食気分の日

⑳ お味噌汁はマスト

⑲ 甘酒は飲む美容点滴！

㉔ 念願のきのこ鍋♥♥♥

㉓ サバ塩と酢の物でザ和食

㉒ 疲れた体にネギしゃぶ！

㉗ 老化防止効果◎な鮭を

㉖ 餃子をつくって中華な夕食

㉕ 時間がある日は最低4皿

13小松菜と鶏肉のオイスターソース炒めに、ブロッコリーやトマトサラダで色みをプラス。14小松菜でチャンプルー。肉じゃがも上手にできました。15疲れた日は豚汁。鶏肉の塩麹焼き、トマトとアボカドのサラダをつけて。16きのこは積極的に摂りたい食材のひとつ。この日は、えのきを豚肉で巻いて甘辛煮に。17肉豆腐、さつまいもとレンコンの甘辛煮、あさりとキャベツの酒蒸し。18手づくりエッグベネディクト。すっごくおいしくできた！ 19甘い味が欲しい時は、甘いけど砂糖不使用の甘酒を。20タコのマリネと、ミョウガときゅうりのサラダ。小食の日もお味噌汁はマスト。21グラタン、キャロットラペ、手羽元の煮込み。ちょっと洋食気分で。23主菜はサバの塩焼き。お魚も大好き。24この日は外食。「菌鍋」と呼ばれるきのこ鍋。美味でした〜！ 25鶏肉の塩麹焼き、きんぴら、ピクルス……と、時間がある日は品数を多く。26手づくり餃子にチンゲン菜の炒め物、卵とトマトのスープで中華風に。27サーモンのムニエルを野菜ときのこを足してアレンジ。

SEASONING

素材の味を生かすも殺すも調味料次第！
マギーこだわりの、料理のおとも。

① トリュフ風味のソルト

② 茅乃舎の和風だし塩

③ 広島産の藻塩

Seasoning no. 01

SALT

お塩は味つけの基本のき。
よく使うからこそいいものを

基本としてよく使うのが藻塩。普通のお塩よりミネラルが多いから、塩分過多にならない範囲で積極的に摂ってます。だし塩はおにぎりに、トリュフ塩は少し風味を足したい時に。

1仕上げにひと振りすれば、いつもの料理がプロの味に。カシーナロッサ トリュフソルト 30g ¥1200／ディーン＆デルーカ六本木　2海塩にだしを加えた便利な一品。茅乃舎 和風だし塩 50g ¥600／久原本家　3うまみとミネラルがたっぷり。海人の藻塩 100g ¥475／蒲刈物産

Seasoning no. 02

DASHI

素材の味が引き立つ
無添加だしを厳選

だしはなるべく無添加のものを選ぶようにしています。そのほうが絶対的においしい！　地方に行った時にいいだしを買うのが楽しみです。

1焼きあごをベースに4素材をブレンド。平戸焼あご入 あご旨だし 20包入 ¥1500／長田食品　2料亭の味がお家で。茅乃舎 茅乃舎だし 30袋入 ¥1800／久原本家

② 定番の茅乃舎のだし

① 長崎で買ったあご旨だし

4 かどやの
純正ごま油

3 ユウキ食品の
ネギ油

1 オーガニックの
ココナッツオイル

3 ソル レオーネ ビオの
オリーブオイル

2 オーガニックの
ヘンプシードオイル

1 アルチェネロの
オリーブオイル

2 レ・テッレ・デル・カステッロの
オリーブオイル

Seasoning　no. 03

VEGETABLE OIL

風味を足してくれる油と
美容目的の油を使い分け

ごま油とネギ油は炒め物の時に使うと風味が増しておいしくなる！ ココナッツオイルとヘンプシードオイルは、美容にいいと聞いて使い始めました。効果はこれからかな？

1ニューティーバ オーガニックバージンココナッツオイル 408g ¥2400／ナチュラルハウス　2美容と健康、ダイエットにも。オーガニック ヘンプシードオイル 230g ¥1800／クレヨンハウス 野菜市場　3ネギ油 55g ¥180／ユウキ食品　4金印純正ごま油 200g ¥470／かどや製油

Seasoning　no. 04

OLIVE OIL

よく使うオリーブオイルは
オーガニックがいいな！

炒め物にもサラダにも、とにかくよく使うオリーブオイル。ブランドにはそんなにこだわらないけど、なるべくオーガニックで。

1アルチェネロ 有機エキストラ・ヴァージンオリーブオイル ドルチェ 250ml ¥1264／クレヨンハウス 野菜市場　2レ・テッレ・デル・カステッロ 有機エキストラ・ヴァージンオリーブオイル 250ml ¥1500／ナチュラルハウス　3ソル・レオーネ ビオ エキストラ・ヴァージン・オリーブオイル D.O.P. 229g ¥1500／日欧商事

ドリンクにもモチロンこだわりあり!!

WATER

どうせ飲むならミネラル豊富な方がいいから、水は硬水。常温で飲むほか 白湯にしてレモンを絞って飲んだりも。

右から・不足しがちなカルシウムとマグネシウムの補給に。コントレックス 500ml ¥195／ネスレ　絶妙なミネラルバランス。「エビアン」330mlペットボトル ¥107／エビアン

DETOX JUICE

いっぱい食べた翌日や"絞る月間"に、調整の意味で飲むコールドプレスジュース。緑色のビーツ味がおいしくてお気に入り。

デトックスに◎。右から・コールドプレスジュース スパイシーグリーンレモネード ¥900、同 チャージ ¥700、同 "R" デトックス ¥1100（すべてスモールボトル）／Why Juice?

TEA

お茶はデトックス作用のあるコーン茶を愛飲。ノンカフェインで香ばしくて飲みやすいから好き。

MEIDI-YAや成城石井などのスーパーで購入。ブランドにはこだわりなし。コーン茶／私物

055

RULE 4.　MOISTURIZING

うるおい注入術：女の子はうるおいがすべて。

保湿第一！　一瞬でもカサッとしたくない‼
明日の肌にワクワクしたいから、「面倒くさい」はありません。

理想は、つるっとしててツヤッとした肌。それは顔もボディも同じ。だからとにかく保湿、保湿、保湿！　洗顔後はすぐに化粧水をいっぱい入れるし、お風呂から上がったら濡れたままの体にオイルをON。ほんの少しでも乾いている時間をつくりたくない！　たまに、「疲れてる時にケアするのってめんどくさくない?」って聞かれるけど、めんどくさいどころかすっごく楽しくて。明日の自分をイメージした時に、今よりキレイでいたいって思うし、朝起きた時どんな肌になってるんだろうってワクワクしちゃう。疲れてるからってケアせずに寝ちゃって翌朝肌が荒れて……っていう方が私はイヤだな。だって気分が落ちちゃうもん。一日の最後に部屋を暗くして、好きな香りに包まれながらケアをする。それが気持ちをリセットする、私にとって一番大事な時間です。

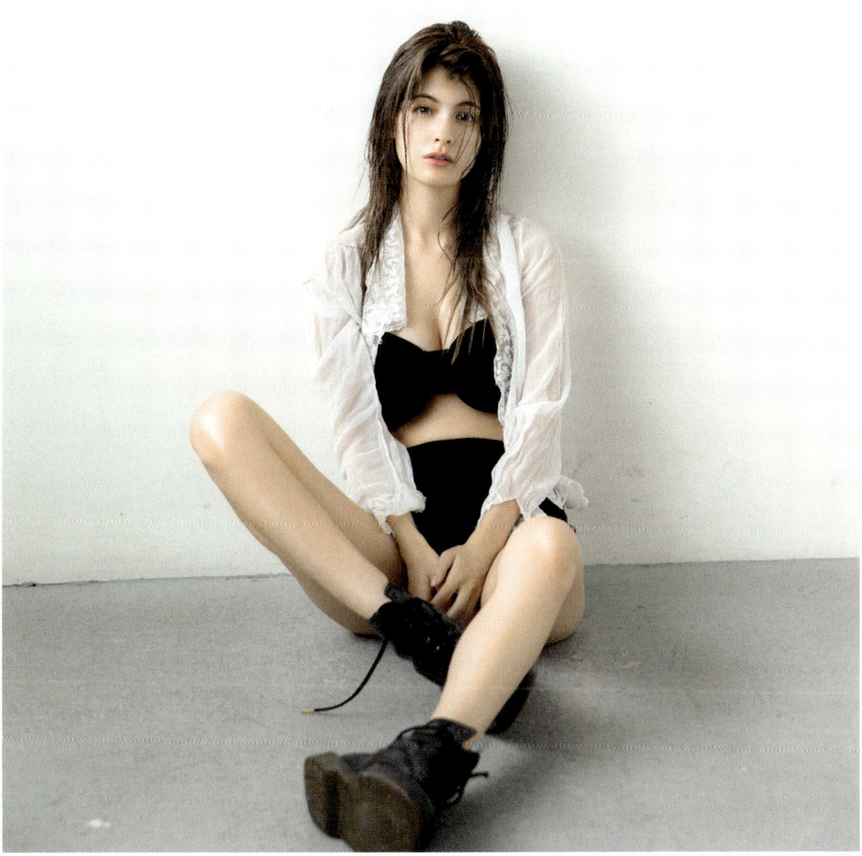

FOR DAILY SKINCARE

ツヤ肌はこうしてつくられる

4. MOISTURIZING

肌が疲れてるな〜と
感じる日はララビュウ。
美白ラインも常備

肌が疲れると赤みや湿疹が出やすくなる
タイプだから、今日はヤバイかも?と感じ
たらララビュウをラインで。低刺激でし
っかりうるおう、肌が疲れた時の味方。

HELENA RUBINSTEIN

01　P.C. セラム
02　アドバンスド P.C. ローション

01密度が増したようなふっくらした肌へ。50
ml ¥22500、02肌の再生リズムをサポート。
200ml ¥8500／ヘレナ ルビンスタイン

うるおう化粧水と
調子が上がる美容液。
柔肌になるコンビ

化粧水はすっごくうるおうし、美容液は
肌の調子が上がって肌が柔らかくなる実
感あり。肌に疲れを感じた時、気分に
合わせてララビュウと使い分けてます。

Larrabure

01　トリニティローションC
02　トリニティエッセンス
03　エクセレントHQナノクリーム

01高濃度で配合された最新型ビタミンC誘導
体が肌のハリ・ツヤをUP。150ml ¥4900、
02リフトアップ、毛穴引き締め、美白ケアを
これ一本で。53ml ¥9000、03老化サイン
をなかったことに。30g ¥12000／ディノス

定番で使ってるのは
大好きなSK-Ⅱ。
かなりリピート中♥

高校生の頃から憧れていたSK-Ⅱ。2年前くらいに初めて使って、テクスチャーのよさとうるおい力に衝撃を受けました。それから基本アイテムとして愛用中。

SK-Ⅱ

01　R.N.A. パワー ラディカル ニュー エイジ エッセンス
02　R.N.A. パワー ラディカル ニュー エイジ
03　フェイシャル トリートメント エッセンス

01押し上げてくるようなパワフルなハリを実現。50ml ¥18500（編集部調べ）、**02**ハリとツヤに満ちた毛穴レス肌に。80g ¥17000（編集部調べ）、**03**発酵パワーで肌体力を底上げ。160ml ¥17000／マックス ファクター

〝やってる風〟にならないようケアにポリシーを持つ！

スキンケアの時に意識してるのは、〝意味を持ってケアする〟ってこと。例えば化粧品を買う時は、どうして効くのか、何が他のと違うのかをリサーチしてから買うし、シャンプーする時は、顔にムダな汚れがつかないように上向きで洗う。そんなふうにポリシーを持ってケアしないと、ただの〝やってる風〟で終わっちゃうから。気分の問題かもしれないけど、その気分が大事（笑）。

KEY CARE FOR MOISTURIZED SKIN

うるおい肌のためのマストケア5

Must Care Item no. 02

2 UVケアサプリで内からも紫外線を徹底ブロック!!

BE-MAX

塗り直しができない撮影では〝飲む日焼け止め〟を併用

外ロケの時は、メイクの上から日焼け止めを塗り直すことができないから、〝飲む日焼け止め〟を投入。事前にこれを飲んでおけば、紫外線を気にせず撮影に集中できます！

紫外線ダメージからの修復をサポートし、美肌をキープ。BE-MAX the SUN 30カプセル ¥4200／メディキューブ

Must Care Item no. 01

1 まずは紫外線から徹底的に肌を守る!!

03 MAMA BUTTER   02 CLARINS   01 CLARINS

日焼け止めは一年中休みナシ。ちょっとの外出でも欠かさない！

19歳で白肌に目覚めてから、日焼け止めは欠かせないアイテム。いくつかを使い分けながら、一瞬たりとも焼けないようにしています。肌にやさしいママバターはプライベート用。肌がツヤっとするのでファンデ不要です。外での撮影の時はクラランスの顔用＆体用で全身しっかりガード。紫外線は乾燥や老化にもつながるから怖いですよね。

01ボディの日焼けを防ぐ。クレーム ソレイユ プロテクション SPF30・PA+++ 125g ¥4000、02最高レベルのUVカット力。クレーム ソレイユ ヴィサージュ ハイプロテクション SPF50+・PA++++ 75g ¥3800／クラランス　03負担レスなノンシリコン。ママバター UVケアクリーム SPF25・PA++ 45g ¥1200／ビーバイイー

メイク落としはなじみの早さ、洗顔は肌へのやさしさを重視！

家に帰ってきて最初にするのがクレンジング。できる限り摩擦を減らしたいから、メイク落としはなじみの早いオイルタイプが一番好き。シュウ ウエムラは刺激が少なくてうるおい感もあって、普段リピートしない私が珍しくリピートしたオイル。ミルクタイプのララビュウは肌が弱ってる時頼りになるし、泡洗顔のキュレルは楽でやさしくてコスパが◎。

01 キュレル 潤浸保湿 泡洗顔料 150ml ¥1260（編集部調べ）／花王　02ララビュウ モイスチャークレンジングミルク 200ml ¥4900／ディノス　03 8種類の植物由来オイルを配合。アルティム8 スブリム ビューティ クレンジング オイル 450ml ¥11500／シュウ ウエムラ

4. MOISTURIZING

Must Buy

Must Care Item no. 05

5 化粧水の前後に オイルをプラスして もっとツヤツヤに

02 Jurlique　01 Dior

マギー美容にマストな"オイル"は スキンケアでも外せない!!

ツヤツヤっとしてるのが好きな私にとって、ボディケアと同じく、顔のスキンケアにもオイルは絶対に欠かせない！香りがよくて肌にやさしいジュリークと、大気汚染のダメージもケアしてくれるDior、サラッとなじんで万能に使えるHABA（P04参照）がお気に入り。朝の洗顔後はオイルだけつけて仕事に行くくらい、ケアの中で重要視してます！

01肌に必要な脂質を補う。カプチュール トータル コンセントレート オイル 30ml ¥15000／パルファン・クリスチャン・ディオール　02肌の保水レベルを向上させて、弾力感ある肌へと導く。グレイスフル ビューティー ファーミングオイル 50ml ¥8500／ジュリーク・ジャパン

Must Care Item no. 04

4 毎日シートマスクで 肌の底までうるおいを 浸透させる

02 MINON　01 SK-Ⅱ

シートマスクは冷やしてからON。 肌のうるおい力に差が出ます！

化粧水の後はシートマスクが定番のコース。週の半分以上はマスクしてるかな。お風呂上がりのほてった肌に、冷やしたマスクを使うのが気持ちいいんです！　大切な撮影の前はSK-Ⅱを、普段はメイクさんにオススメされたミノンを愛用。

01肌の明るさが劇的にUP。SK-Ⅱ ホワイトニング ソース ダーム・リバイバル マスク 6枚入 ¥10500（編集部調べ、医薬部外品）／マックス ファクター　02吸いつくように密着して浸透。ミノン アミノモイスト ぷるぷるしっとり肌マスク 4枚入 ¥1200／第一三共ヘルスケア

Must Care Item no. 03

3 クレンジング＆ 洗顔料はうるおいを 落としすぎないものを選ぶ

03 shu uemura　02 Larrabure　01 Curél

061

うるもち
ボディ
3つの
ポイント

FOR BODY CARE

一日を締めくくる至福の時間

01 malie ORGANICS

02 Johnson's&Johnson's

03 MAINE BEACH

FOR BODY CARE

3

香りはその時の気分で！
自分をアゲてくれるものをチョイス

その日使うボディクリームを選ぶ基準は、直感！
夜、部屋を暗くしてボディクリームを塗ってる時間は、
私の一番の癒やしタイム。だから気分優先で♥

4. MOISTURIZING

01マリエオーガニクス ボディクリーム ピカケ 222ml ¥4800／サザビーリーグ（YUGO事業部）　02ジョンソン®ボディケア リッチ スパ エンリッチ プレミアム ローション〈ローズ〉200g オープン価格／ジョンソン・エンド・ジョンソン　03マインビーチ LHハンド&ボディ クリームローション 500ml ¥3400／三和トレーディング　04シルキーボディミルク 200ml ¥4000／SABON Japan　05シャンピュア ボディ ローション 198g ¥3200／アヴェダ　06シャネル ココ ヌワール ボディ クリーム、07同 チャンス クリーム サテン／私物

※私物のシャネルの化粧品に関して、シャネルブティックへのお問い合わせはご遠慮ください。

062

FOR BODY CARE

1 朝・夜のボディケアで 24時間カサつかない！

夜はお風呂の後にオイルとクリームを、朝はシャワー後にココナッツオイルをたっぷりと。そうすると一日中カサつきを感じないモチッと肌に♪

FOR BODY CARE

2 手の平で温め＆ マッサージしながら塗り込む

ボディクリームは肌になじみやすくなるように、手で温めてから、マッサージするように塗り込みます。ボディケアも"意味を持ってやる"ことを意識！

07. CHANEL

06. CHANEL

05. AVEDA

04. SABON

BATH TIME

明日へ向けてのリセット法

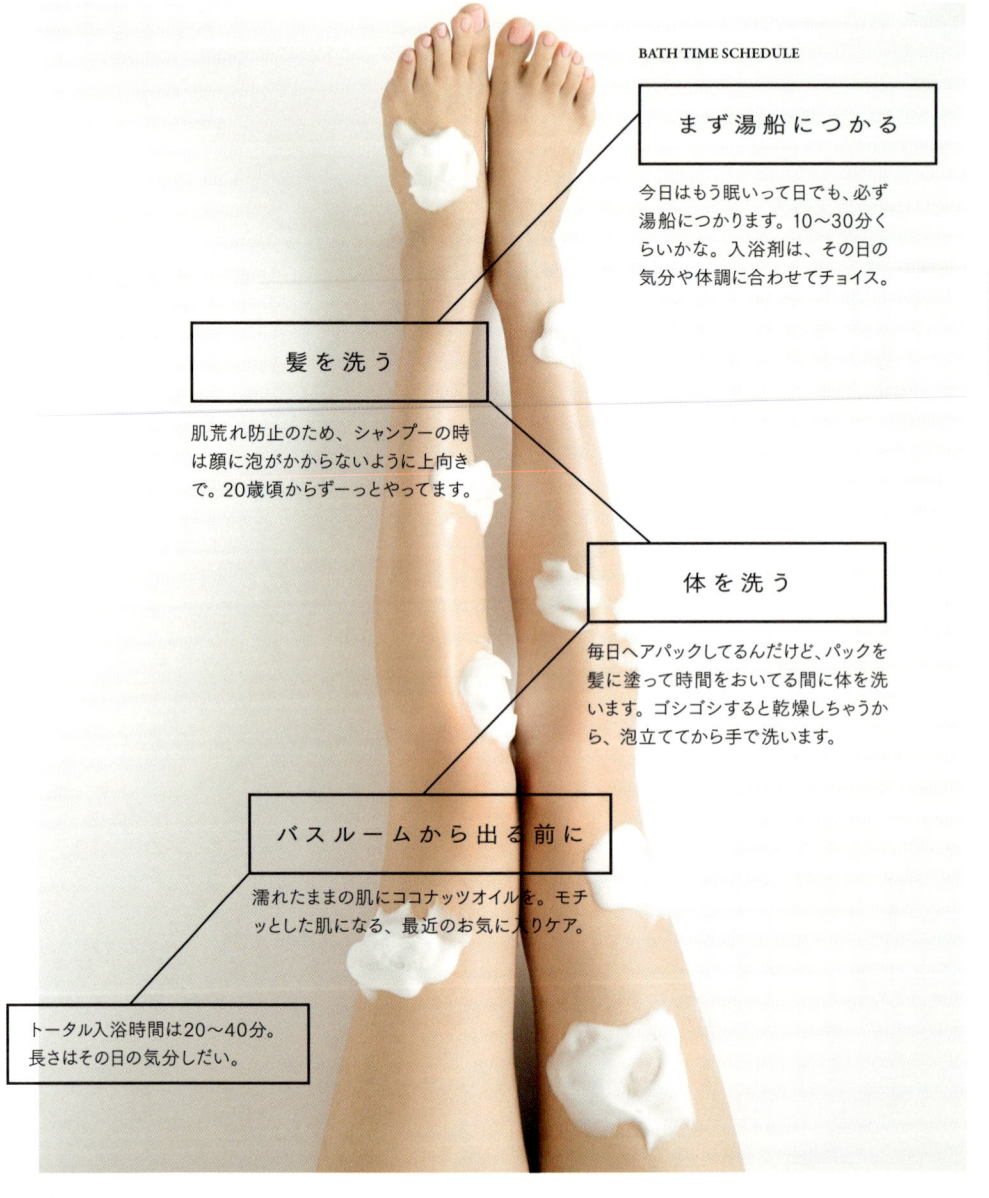

BATH TIME SCHEDULE

まず湯船につかる

今日はもう眠いって日でも、必ず湯船につかります。10〜30分くらいかな。入浴剤は、その日の気分や体調に合わせてチョイス。

髪を洗う

肌荒れ防止のため、シャンプーの時は顔に泡がかからないように上向きで。20歳頃からずーっとやってます。

体を洗う

毎日ヘアパックしてるんだけど、パックを髪に塗って時間をおいてる間に体を洗います。ゴシゴシすると乾燥しちゃうから、泡立ててから手で洗います。

バスルームから出る前に

濡れたままの肌にココナッツオイルを。モチッとした肌になる、最近のお気に入りケア。

トータル入浴時間は20〜40分。長さはその日の気分しだい。

4. MOISTURIZING

4	3	2	1
クナイプの ローズバスソルト	スパリチュアルの バスソルト	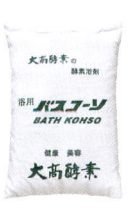 大高酵素の 酵素入浴剤	エプソムソルト

8	7	6	5
ジョンソン&ジョンソンの ボディシャワー	 NEOMの ボディスクラブ	ココナッツオイル	カシウエアの ふわふわタオル

MY FAVORITE LIST

4
**大好きなローズの香り。
体のポカポカが続く**

「やさしいローズの香りと、お風呂から出てもずーっとポカポカが続くところが好き。冷えが気になる日に」グーテバランス バスソルト ワイルドローズの香り 850g ¥2400／クナイプ

3
**香りがとにかく好き！
一番使ってるのがコレ**

「ネイルサロンのフットバスに使われてて、この香り好き！って一目惚れ。即購入しました(笑)」スパリチュアル インフィニトリーラビング バスソルト 218g ¥3500／シンワコーポレーション

2
**ヤバイくらい発汗する
〝絞り月間〟の味方**

「発酵成分や温泉成分が入っていて、汗の出かたがスゴイ！ 絞りたい時に使うことが多いです。天然素材で肌にやさしいのも嬉しい」バスコーソ 6包入 ¥1800（医薬部外品）／大高酵素

1
**スクラブとしても使える
お塩じゃないバスソルト**

「スポーツ選手やセレブが愛用してるって聞いて使い始めて、今けっこうハマってます。疲れがとれてコリがほぐれるし、スクラブとして使うことも」エプソムソルト 907g ¥1800／太河

8
**ほんのり残る香りと
しっとりした後肌が◎**

「しっとりするバラの香りも好き」ジョンソン® ボディケア リッチ スパ エンリッチ プレミアム ビューティ シャワージェル〈ローズ〉380ml オープン価格／ジョンソン・エンド・ジョンソン

7
**お揃いのボディオイルと
香りをレイヤード**

「成分がナチュラルでスクラブもジャリジャリしすぎないから、ダメージを気にせず使えます」NEOM ボディスクラブ リアルラグジュアリー 332g ¥6300／ステキ・インターナショナル

6
**肌のモッチリ度が違う！
お風呂用に常備**

「濡れた肌にこれを塗ってタオルで水気をおさえると、ただのしっとりじゃない、吸いつくような質感に」エキストラ バージン ココナッツオイル 436g ¥3000／クレヨンハウス 野菜市場

5
**肌触りが気持ちよすぎ♥
タオルは全部カシウエア**

上から・カシウエア グリーン ハンドタオル KAPUA blanca ¥3900、同 バスタオル KAPUA blanca ¥11000、カシウエア ソリッドバスマット crème ¥15000／カシウエア

HAIR CARE

いつもツヤツヤ髪でいる秘訣

サラツヤ髪ベストヒッツ!!

4. MOISTURIZING

GEAR
ヘアケア効果を重視

「髪が絡まないようブローは上から!」右・ヘアドライヤー EH-NA97-PP オープン価格／パナソニック 左・ジョンマスターオーガニック コンボパドルブラシ ¥3180／スタイラ

HAIR OIL
ツヤ髪の必需品!

「ブローの前or後に使用」右・モロッカンオイル トリートメント 100ml ¥4300／モロッカンオイル ジャパン 左・オロフルイド 100ml ¥4950／ボニータプロフェッショナル

TREATMENT
毎日ヘアパック!

「ヘアパックは毎日。ブロー前のヘアミルクもマスト」右・シーク セラム 125ml ¥1715／SHIMA HARAJUKU 左・SP ケラチン リストア マスク 150ml ¥3500／ウエラ

SHAMPOO & TREATMENT
カラー持ちUP

右から・アレス カラー ムラサキシャンプー 200ml ¥1750／アレスプランニング シャンプー 300ml ¥1715、トリートメント 200g ¥1715／SHIMA HARAJUKU

ドライのコツ
自然乾燥はNG!必ずドライヤーで!!
濡れたままだとダメージを受けやすいうえ、雑菌が繁殖して頭皮トラブルを起こすことも。必ずドライヤーで乾かして!

トリートメントのコツ
毛先からなじませ5分ほど放置!
トリートメントは、根元からつけてしまうとベタッとする原因に。毛先からなじませたら、5分おいて内部まで浸透させて。

シャンプーのコツ
頭を上げて洗い髪の絡まりを防止
頭を上げたり下げたりすると、髪が動いて絡まりやすく。髪が下に落ちるように、頭を上げたまま洗うのがオススメです。

ブラッシングのコツ
シャンプー前にとかすと美髪度UP
シャンプー前にブラッシングをして髪の絡まりをとっておくと、スムーズに洗えて髪の摩擦が減少し、ダメージを防げます。

マギーが信頼するSHIMAの"河ちゃん"が教える、うるおう髪のつくり方

色、ツヤ、質感、全部がキレイじゃなくちゃ！

しょっちゅうカラーするし、仕事で　日何回も巻くけど、髪が傷んでるようには見せたくない。
だって女らしさは髪に出ると思うから。だからヘアパックもブラッシングも欠かしません。
仕事で巻くから傷んでてもしょうがない、じゃなくて、仕事であんなに巻いてるのに
傷んでないなんて！って思いたいし思われたい（笑）。それが自信にも原動力にもなるんです。

BASE MAKE

How toすっぴんツヤ肌

ADDICTION
ティンティド
スキンプロテクター

「ナチュラルについてツヤっとする」01 30ml SPF 50+・PA+++ ¥4500/アディクション ビューティ

CHANEL
プードゥル
ユニヴェルセル リーブル

「粉が繊細で粉っぽくない。全体にはつけず、目元やTゾーンにさらっとのせる程度」10を愛用/私物

rms beauty
アンカバーアップ

「なめらかで厚くならない。オーガニックなところにも惹かれます」11.5ml ¥4800/アルファネット

ベースメイクは最小限。ツヤツヤっとしていたい

とにかく肌がツヤツヤしているのが好きだから、ベースメイクはツヤ感が出るアディクションのファンデとrmsのコンシーラーを塗って終わり。パウダーはつけたりつけなかったり。肌の調子がよければ何も塗らないことも。デートの時も何も塗りません。寄り添った時に彼の服にファンデがついちゃうでしょ？ だから♡

SKINCARE Q&A

さんざん肌荒れに悩まされてきたからこそ
自信をもってお答えします。

Q1 マギーの肌ヒストリーを教えて

**A：LAガール→暗黒時代→
　　パリジェンヌを経て今に至る！**

初めて買った化粧品は大豆イソフラボンの化粧水。中3だったかな。キレイにすることに興味を持ち始める頃だったし、男の子の目も気になり始めたし（笑）。本格的にスキンケアするようになったのは、高校生になってから。モデルの仕事を始めたのがきっかけでした。高2の頃にはスキンケアはもちろん、メイクや香水も当たり前で。18〜19歳の頃はLAガールに憧れて日サロに通ったりしてたけど、パリに行って「パリに似合う女になりたい！」って思って白肌に方向転換（笑）。美白して肌が白くなったら、すごく評判よかった！ でも、20歳になって仕事が忙しくなってきたら突然肌が荒れ始めて。肌が荒れる→ストレスになる→朝まで遊んじゃう→肌が荒れるっていう悪循環。で、食事や生活を変えて皮膚科にも通って、スキンケアもがんばって、1年がかりで肌荒れとさよならできました。そして今に至る感じです。今は肌荒れすることはあまりないかな。

Q2 肌荒れを治す方法は？

**A：信頼できる皮膚科を見つけること！
　　生活習慣や食事を見直すこと!!**

肌荒れには私もすっごく悩んだから、辛さは痛いくらいわかる！ でも楽に治ることはないんだよね、残念だけど。経験上言えるのは、まず信頼できる皮膚科を見つけて診察&治療をしてもらうのが大事ってこと。自己流で解決しようとすると、自分の肌に合わないケアをしてしまって悪化させちゃうこともあるから、ドクターに診てもらった方が安心で確実。それからもうひとつ大事なのは、食事を含む生活習慣。ジャンクなものを控える、夜更かししない、お風呂につかる……それだけでも違うと思う！

Q3 肌荒れ期、マギーはどんなケアをしてた？

**A：皮膚科の化粧水でコットンパック。
　　3回くらい繰り返すことも**

私が信頼してるクリニックのひとつ、タカミクリニックでおすすめされた化粧水を使ってました。今でも疲れて赤みや湿疹が出ちゃった時は必ずコレ。圧縮タイプのマスクシートにたっぷりしみこませてパックするのが定番の使い方で、乾く前に取り換えながら3回くらい繰り返すと、赤みがすーっと落ち着くんです。あとは、とにかくしっかり保湿すること！ ですね。

TAKAMI

イオレーゼAPSソリューション

ビタミンC誘導体を高配合。肌荒れや毛穴など肌トラブルをマルチケア。80ml ¥7778／タカミ

Q4 突然のニキビ。皮膚科に行けない時はどうする?

A：オロナインが頼りになります！

皮膚科の薬がない時、頼りにしてるのがオロナイン。ニキビに厚くのせておくと治りが早いです。

Oronine
オロナイン® H軟膏

ニキビや吹き出物のほか、切り傷・すり傷、軽いやけどにも効果を発揮。11g ¥300（第2類医薬品）／大塚製薬

Q5 ニキビができた時の3ヵ条は?

A：触らない！ 髪で隠さない！ すぐにメイクを落とす‼

ニキビは雑菌がつくのが一番ダメだから、触らない、髪で隠さない、メイクを帰宅後すぐに落とす、の3つが大事。私は仰向けに寝たり、寝る時に髪を結んだりもして、とにかく現状より悪化させないように気をつけてます。

Q6 肌がデリケートな時にオススメのスキンケアブランドは?

A：キュレルとミノン！

オススメはキュレルとミノン。私はキュレルの洗顔とミノンのシートパックを愛用してるけど、どちらも赤みが出た時に使ってもピリピリしないし、なじみがスピーディ。うるおい効果も高いです！

Curél
01 潤浸保湿 フェイスクリーム
02 潤浸保湿 化粧水

01ベタつかず軽やか。ふっくら柔肌を実現。40g オープン価格（医薬部外品）、02肌のバリア機能をサポートしてダメージに揺らぎにくい肌へ。全3種 150ml オープン価格（医薬部外品）／花王

MINON Amino Moist
01 モイストチャージ ミルク
02 モイストチャージ ローション

01濃厚なテクスチャーなのに重くないライトな乳液。100g ¥2000、02敏感な肌にも負担なく使える高浸透タイプ。うるおい保持力の高い肌へ。全2種 150ml ¥1900／第一三共ヘルスケア

4. MOISTURIZING

Q8 海外での撮影で日に焼けちゃったらどんなケアをする?

A：いつも以上にたっぷり保湿して美白コスメを投入する！

さすがに黒くなるほど焼けたりはしないけど、ずっと外で撮影した日は肌が乾燥するし、ダメージが残るとイヤなので、いつも以上にスキンケアに時間をかけます。もちろん美白コスメも投入。SK-IIの美白マスク（P61参照）は何枚も持っていって、集中的に使い続けます。日本に帰ってきたら、高濃度ビタミンC点滴やイオン導入をしに、その日のうちにクリニックへ！

Larrabure
01 ホワイトCローション
02 ホワイトCリンクルセラム

01日焼け後のデリケートな肌にも刺激が少ないノンアルコール処方。ビタミンC誘導体や保湿成分がたっぷり。150ml ¥4000、02乾燥による小じわやくすみをケア。30g ¥6572／ディノス

Q7 肌荒れしててもメイクしたい！おすすめのファンデは?

A：カバー力があってうるおうポール＆ジョーを！

私が肌荒れしている時にメイクさんが使ってくれて、いいかも！って思ったのがポール＆ジョー。カバー力がすごく高いのにナチュラルで軽くてオススメ！

PAUL & JOE
モイスチュアライジング
フルイド ファンデーション

うるおい成分たっぷり。全4色 30ml SPF25・PA++ ¥5000／ポール＆ジョー ボーテ

Q12 肌が乾燥でゴワゴワ。柔らかくするにはどうすれば？

A：アルビオンの乳液が効く！

朝のスキンケアは、家ではオイルだけで済ませて、あとは現場で……ってことが多いけど、その時メイクさんが使ってくれるのがアルビオン。乳液を先に使うんだけど、<u>肌がはぐれて柔らかくなって、化粧水がグイグイ入ります！</u>

ALBION
01 エクサージュ アクティベーション モイスチュア ミルク
02 エクサージュ モイストフル ローション

01肌の油分と水分のバランスをすばやく整え、受け入れ態勢のいい肌に。全3種 200g ¥5000、02スピーディに浸透し肌のすみずみまでうるおいを届ける。全2種 200ml ¥5000／アルビオン

Q11 乾燥がひどい時のスペシャルケアは？

A：クリームとオイルをMIX。目のキワまで<u>塗る</u>！

化粧水をいつもよりたっぷり入れ込みつつ、<u>ケアの最後に使うクリームにオイルを混ぜて保湿力をUP。</u>目元にも、やさしくおさえるように隙なく塗ってます。

Q10 テカリが気になったら？

A：気にしてない！（笑）

テカリは気にしてないな〜。むしろツヤとして前向きに捉えちゃう（笑）。もしどうしても気になるなら、洗顔に気をつけてみては？ 朝は水だけにするとか、皮脂をとりすぎないようにしてみると変わるかも！

Q13 くすみが気になる時は？

A：冷やしパックで血行促進！

<u>シートマスクを冷やして使うのがオススメ！</u> お風呂上がりのほてった肌に冷えたマスクを使うと、気持ちいいし血行もUP。美白マスクだともっと効果あるかも。私は毎日やってます！

Q9 毛穴がザラつく時は？

A：お風呂につかりながらピーリングでツルツルに！

毛穴まわりがザラザラしてきた時は、やっぱりピーリング！ 私はマイルドなララビュウを愛用してます。お風呂につかりながらクルクルすると、流した後の肌がつるんってなるんです！

Larrabure
ホワイトC大人ピーリング保湿パック

発酵成分が肌を柔らかくして、ミクロのビーズがやさしく角質を除去。100g ¥3800／ディノス

Q15 飛行機に乗る時は
どんなコスメを持ち込む?

**A：フライト時間が長い時は
ふきとり化粧水でリセット**

必ず持ち込むのは化粧水、オイル、クリーム。ミニボトルに入れ替えたり試供品を持っていったり。フライトが長い時はふきとり化粧水でスッキリさせてから、オイル→マスクで保湿。

SK-Ⅱ
ホワイトニング ソース クリア ローション

不要な角質を負担なくオフしてくすみを解消。150ml ¥7500（医薬部外品）／マックス ファクター

4. MOISTURIZING

Q16 なくなったら
生きていけないコスメは？

A：HABAのオイル

納得したものしか使ってないから愛用コスメは全部好きだけど、強いて選ぶならHABAのオイルかな。肌状態に関係なく使えるし、1〜2滴でしっかりうるおうし、髪や体にも使えるから！

HABA
高品位「スクワラン」

天然由来スクワランを純度99.9%に高精製。バリア機能をUP。60ml ¥4600／ハーバー研究所

Q14 赤みを抑えたい時は？

A：スキコンが優秀です！

肌が敏感に傾いて赤みが出ちゃったら、いつもの化粧水はいったんストップしたほうがいいと思う。Q3のタカミのローションもいいし、アルビオンのスキコンもオススメ。赤みとかムズムズ感がある時は、この2品が安心です。

ALBION
薬用スキンコンディショナー
エッセンシャル

漢方で肌荒れに処方されるハトムギのエキスを配合。165ml ¥5000（医薬部外品）／アルビオン

Q17 マギーの理想とする肌とは？

**A：タマゴをむいたみたいな
つるっとツヤツヤの肌が憧れ**

つるっとしててツヤっとしてる、殻をむいたゆでタマゴみたいな肌が理想。でも人工的な感じはイヤだな。あくまでナチュラルに、できるだけ医療の手を借りずに目指したい（笑）。シミや毛穴の開きはなるべく阻止したいけど、シワは"たくさん笑った証"って言われてるから、あっていいかも。

Q19 美容情報はどこから得てる?

A：お姉さん雑誌や美容雑誌、モデルさんのブログから!

食事法や体の使い方はストレッチの先生の森拓郎さんや皮膚科の先生から、メイクアップコスメはヘアメイクさんから情報をもらうことが多いかな。スキンケアコスメやヘルシーフードは、お姉さん雑誌や美容雑誌、モデルさんのブログをチェックしてます。ブログは特定の誰かじゃなくて、ネットサーフィンしながらいろんな人のを見ています。

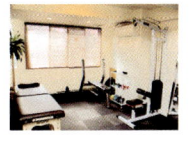

森拓郎さん主宰「rinato」
トレーニングスタジオrinato
㊑東京都渋谷区恵比寿南2-3-11 グレース青山4F ☎03-6303-0233 ㊂11:00〜23:00(土11:00〜20:00) ㊡日曜・祝日

Q18 美容面で憧れの人は?

A：萬田久子さん　佐田真由美さん　渡辺知夏子さん

ViViの先輩でもある佐田真由美さんと渡辺知夏子さんは、モデルとして憧れの存在。佐田さんは自分のブランドも持ってて、自由な感じがかっこいいな〜って思うし、知夏子さんはご本人もキレイだし、ブログに美肌のヒントがいっぱいあって、見習わなきゃ!って思う。萬田さんは女としての憧れ。あんなふうに品よくかっこよく年を重ねたいなって思います。

Q20 最近、クリニックでは何してる?

A：ビタミン点滴やイオン導入、毛穴のLED治療が定番

駆け込みクリニックはいくつかあって、目的に合わせて通っています。ニキビや赤みが出ちゃった時はタカミクリニックでLED治療やイオン導入を、毛穴を引き締めたい時やハリを出したい時は大城クリニックのLED治療を、海外から帰国した日やご褒美ケアには松倉HEBEで高濃度ビタミン点滴やアポロフェイシャルを。信頼できるクリニックがあると心強くて安心だし、自分の肌をわかってくれてるから、突然の肌トラブルの時にでも間違いがないんです!

美容皮膚科 タカミクリニック
ニキビ外来・毛穴外来など ㊑東京都港区南青山3-18-20 松本ビル3・4・5F ☎03-5414-6000 ㊂10:00〜19:00 ㊡水曜　タカミ式イオン導入は1回¥5000〜。

大城クリニック
㊑東京都新宿区信濃町34 JR信濃町駅ビル2F ☎0120-70-0046 ㊂9:30〜16:30 ㊡火・木・祝　LED治療(15分 ¥10000)のほか各種レーザー治療あり。

松倉 HEBE DAIKANYAMA
㊑東京都渋谷区猿楽町16-15 T-SITE GARDEN5号棟2F ☎03-3770-7900 ㊂10:00〜19:00(クリニック)、11:00〜20:00(エステ) ㊡年末年始

RULE 5. LOVE MAKE-UP, LOVE TALK

ラブなメイク、ラブなハナシ

好きな人に「可愛いね」って言われたい。
つねに期待を超えていたいんです。

仕事に集中したいから恋はお休み……は私にはないかな。むしろ好きな人がいるからこそ仕事も美容もがんばれる。今までも、恋をしてキレイになってきたと言ってもいいくらい(笑)。好きな人には、写真で見るより実物のほうが可愛い、見た目よりも触れた時のほうがもっといいって思われたい。期待を超えたいっていう気持ちがつねにある。そういう、褒められたいとか可愛いと思われたいっていう気持ちが、キレイのモチベーションになるんです。だから、もし彼ができないって悩んでる人がいたら、まずキレイになることをがんばってみてって言いたい。キレイに対する自信って、いいオーラになって男の人の目にとまるはずだから！　キレイになると恋がやってくるし、恋をするともっとキレイになれる。それを信じて私も休まず恋し続けます(笑)。

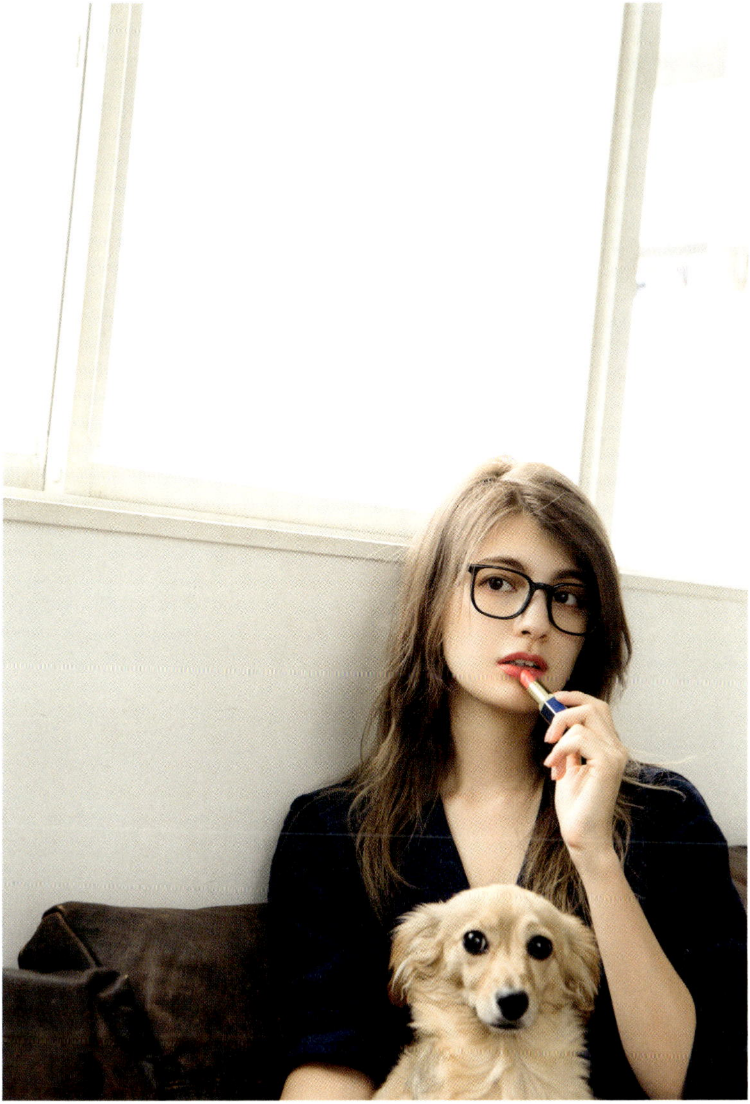

LOVE MAKE-UP

CHU♡を誘うデートメイク

ポイントは目元のキラキラとピンクのリップ♡

コレもオススメ♡

右・上品なキラメキ。ザ アイシャドウ 027 ¥2000／アディクション ビューティ 左・ピタッとついて長時間ヨレなし。カラーインク シャドウ BE-1 ¥1000／メイベリン ニューヨーク

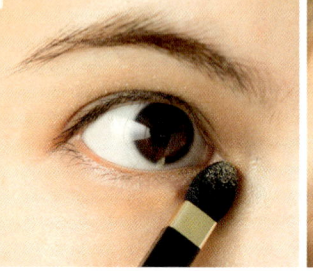

2 目頭にもちょこっとキラめきを

1 広い範囲にキラキラをON

キラキラブラウンシャドウ
ベーシックに使える4色パレット。アイ カラー クォード 01 ¥8800／トム フォード ビューティ

LOVE MAKE-UP, LOVE TALK

練りキラシャドウ
肌色になじんで繊細なキラメキだけをON。シャネル イリュージョン ドンブル 90／私物

4 ティッシュオフでヌケ感注入

3 ピンクリップを唇全体にたっぷりと

ピンクリップ＆リップクリーム
右・甘すぎない可愛さを演出する赤ピンク。ルージュ ヴォリュプテ シャイン 28 ¥4000／イヴ・サンローラン・ボーテ 左・ほんのりと色づいて、うるおい感がずっと続く。海外で購入。ローズサルブ／私物

HOW TO MAKE-UP

1シャネルの練りシャドウを指にとり、上まぶたのキワ〜眉下まで広い範囲にのばす。2パレットシャドウの左上のパールベージュを目頭にだけのせる。下まぶたまでキラキラさせてしまうとつくりこみ感が出るので、下まぶたはノーシャドウで。3リップを唇全体にたっぷり直塗り。4ティッシュでリップをおさえて少しボカせ、ヌケ感を演出。

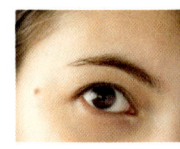

チューするなら
ピンクリップ♡

私のラブパーツは唇。だからデートの時はリップをポイントに。カラーは、顔色がよく見えるピンクで。チューすると色が落ちちゃうから最初だけつけて、あとはリップクリームでうるおい感だけ+。

キラキラさせて
瞳をうるっと演出

リップがポイントだから、目元はラインもマスカラも眉も一切なし。肌もほぼすっぴんで。まぶたと目頭にだけさりげなくキラキラをのせて、うるっとした瞳を演出します。

※このページに掲載しているシャネルの化粧品は私物です。
　シャネルブティックへのお問い合わせはご遠慮ください。

PINK LIP CATALOG

恋に効くピンクBEST10

大・大・大好きな色！
01 TOM FORD 04

5. LOVE MAKE-UP, LOVE TALK

05 ミルキーな甘ロピンクとグロスのようなツヤで、キュートな印象に。ルージュ ヴォリュプテ シャイン 31 ¥4000／イヴ・サンローラン・ボーテ

04 誰にでも似合うコーラルピンク。とろけるような塗り心地も快感。ルージュ ヴォリュプテ シャイン 30 ¥4000／イヴ・サンローラン・ボーテ

03 青みのある美肌ピンク、ワンストロークでムラなく色づき、発色を長時間キープ。ベルベットラスト リップスティック 02 ¥3500／THREE

02 濃密に発色するクリーミィなテクスチャー。発色のいいピンクが表情を愛らしく演出。リップ カラー 08 ¥6000／トム フォード ビューティ

01 肌色を明るく見せるビビッドピンク。上品なツヤで唇に透明感をプラス。リップ カラー シャイン 04 ¥6000／トム フォード ビューティ

078

04 **YSL 30**	03 **THREE 02**	02 **TOM FORD 08**
07 **M·A·C**	06 **RMK 01**	05 **YSL 31**
10 **RMK 06**	09 **YSL 4**	08 **YSL 101**

10. 薄膜テクスチャーによる美形フォルムと透け感のある発色で、色っぽリップが実現。リップジェリーグロス 06 ¥2200(12/4発売)／RMK Division

09. 唇のpHに反応して発色が変わり、自分だけのピンクが楽しめる。ヴォリュプテ ティントインオイル 4 ¥3800／イヴ・サンローラン・ボーテ

08. 唇の色をいかすシアーな発色。繊細パールでボリューム感のある唇に。グロス ヴォリュプテ 101 ¥3800／イヴ・サンローラン・ボーテ

07. 白肌をより明るく見せてくれるピーチピンク。唇の色を補整しながら自いニュアンスをON。リップスティック リトルブッダ ¥2900／M·A·C

06. ひと塗りで見たままの色がクリアに発色し、表情を可愛らしく演出。イレジスティブル ブライトリップス 01 ¥3000／RMK Division

079

HUNTER MAKE-UP

狙った彼を"落とす"メイク

攻めとヌケのギリギリのラインを狙う

ブラウンシャドウ

カールマスカラ

上・アイ カラー クォード 01 ¥8800／トム フォード ビューティ 下・上向きまつげを一日中キープ。ヒロインメイク ロング＆カールマスカラ スーパーフィルム 漆黒ブラック ¥1200／伊勢半

極細アイライナー

ヒロインメイク スムースリキッドアイライナー スーパーキープ 01 ¥1000／伊勢半

2 目尻の下にブラウンをぼかす

1 キワのラインは目尻はちょいハネで

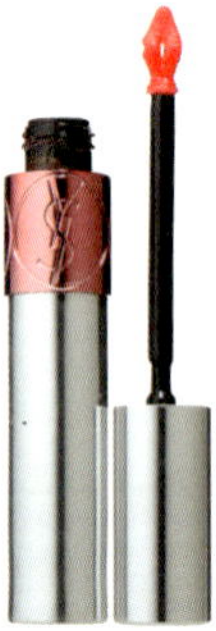

うるちゅるグロス

ケア効果○。ヴォリュプテ ティントインオイル 6 ¥3800／イヴ・サンローラン・ボーテ

4 クリアなグロスでぷるるん唇に

3 丸くチークをのせてツヤと血色を演出

血色練りチーク

ほんのり色づき血色を演出。rms beauty リップチーク ビーラブド ¥4800／アルファネット

5. LOVE MAKE-UP, LOVE TALK

HOW TO MAKE-UP

1上まぶたのキワにリキッドライナーでラインを引き、目尻はフレームを延長するように少しハネさせる。2ブラウンパレットの右下の色を目尻の下に薄くのせてタレ目風に仕上げ、甘さをプラス。3肌のツヤ感をジャマしない練りチークを指にとり、頬の一番高いところに丸くたたきこむ。4グロスを唇全体にたっぷり塗り、うるぷる感＆立体感を。

ヌケの中にちょっとの攻め、が◎

男の人はナチュラルなメイクが好きだけど、最初からすっぴん風にヌケすぎてるのは、女としてどうなの?って。それにやっぱり、可愛いと思ってもらいたい気持ちがあるから、"落とす"メイクはデートメイクより少し強めで。その攻めとヌケのバランスを探って、何度も何度も足し引きをしてきた結果、たどりついたベストな"落とす"顔がこれなんです♡

LOVE HAIR

女力を上げる髪のこだわり

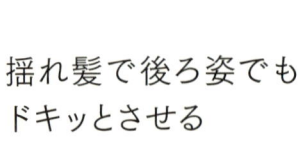

揺れ髪で後ろ姿でも
ドキッとさせる

男子目線を意識したヘアで欠かせない
のは揺れ感。でもTHE巻き髪だと狙い
すぎだから、ヌケ感が大事。ラフな揺れ
髪で、後ろ姿でもドキッとさせたいな。

5. LOVE MAKE-UP,
LOVE TALK

女らしいのにラフなマギ巻きのポイント

2 毛先は縦に挟んでスーッと抜く

1 中間部分は波巻きでウェービーに

3 毛束をほぐしジェルで質感をプラス

38mmの
コテ

トリートメント
ジェル

左・いたわりながらカール。クレイツイオン®カールアイロン 38㎜ ¥9000／クレイツ　右・ツヤツヤのウェットヘアに。シーク モイスチャー 120g ¥2381／SHIMA HARAJUKU

HOW TO STYLING

1髪は内側から、少しずつ毛束をとって巻いていく。まずは中間部分を、内→外→内……と挟んで立体感あるウェーブに。2毛先はヌケ感を出すためくるんと巻かず、コテを縦にして髪を挟んでスーッと抜く。3髪を振りほぐし、ジェルをなじませてうるっとした束感を演出。

マギーが巻いてもらうのはココ！

SHIMA HARAJUKU
㊟東京都渋谷区神宮前1-10-30
☎03-3470-3855　㊩平11:00
～20:00、土日祝10:00～19:00
㊡火曜　モデルやタレントも多く通うおしゃれサロンの代表格。

ツヤ髪＝女らしさ。巻いてもうるっとしたツヤは死守しなきゃ

仕事でたくさん髪を巻くぶん、プライベートでは髪を休ませたいから巻かないのがキホン。でも大事な日だけは別。少しでも可愛いと思って欲しいから、自分でも巻くしヘアサロンで巻いてもらうことも。そういう努力は惜しまない！　"狙い"が見えないようにヌケ感を出すことと、毛先までツヤっとさせることがこだわりです。

083

LOVE DETAILS

美もラブも細部に宿る

CHANEL
BEIGE

BURBERRY
My BURBERRY

香りとネイル、
細部で仕上げるLOVE STORY

香りとネイルは、「相手にこんな印象を与えたい」というよりは「自分の気分を上げるため」のものだから香水は服の中にシュッとして、自分にしかわからないくらいの香り方で楽しみます。ネイルは最近、ケアから色塗りまで全部自分でやるのにハマってて。ジェルよりもヌケ感が出る感じが気に入ってます。そういう細かいところに気を使えるかどうかが、女の見せどころじゃないかな(笑)。

5. LOVE MAKE-UP、LOVE TALK

ヌケ感が出る
ヌーディトーンが
お気に入り

左上から時計回りに・ジェル級のツヤ。ネイルズ インク ジェルエフェクト ネイルポリッシュ May Fair ¥2800／ティー エー ティー　大人なチョコ色。ディオール ヴェルニ 306、モテ色。同 155、透け感ある桜色。同 108、美爪を演出。同 129 各¥3000／パルファン・クリスチャン・ディオール　シックなグレージュ。ネイルズ インク ジェルエフェクト ネイルポリッシュ Colville Mews ¥2800／ティー エー ティー

084

大人っぽくて女っぽい
落ち着いた香りを
コレクション

narciso rodriguez
for her

YVES SAINT LAURENT
MANIFESTO

GUCCI
GUILTY

GUCCI
Flora by GUCCI

01 「官能的な甘さのある香り。大人気分の日に」イヴ・サンローラン マニフェスト オーデパルファム／私物

02 「いま一番好き。セクシーで色っぽい」ナルシソ ロドリゲス フォーハー オードトワレ／私物

03 「パウダリーで懐かしさを感じる香り」シャネル レ ゼクスクルジフ ベージュ オードゥ トワレ／私物

04 「セクシーすぎない大人さわやかな香り」バーバリー マイ バーバリー オードパルファム／私物

05 「甘いお花の香りがテンションを上げてくれる」グッチ フローラ バイ グッチ オードトワレ／私物

06 「ちょっとユニセックス。メンズっぽい気分を入れたい時に」グッチ ギルティ オードトワレ／私物

※このページに掲載しているシャネルの化粧品は私物です。
シャネルブティックへのお問い合わせはご遠慮ください。

085

LOVE TALK

ちょっとだけラブなハナシ。

5. LOVE MAKE-UP,
LOVE TALK

私の中の壁

仕事が終わると、まっすぐおうちに帰ることがほとんど。帰るとすぐに、まずメイクを落としてお気に入りの部屋着に着替えます。そしてやっと、ふぅ〜。外で身にまとっていたモノを全部脱ぎ捨てて、素の自分に戻れる瞬間。ここに帰ってくるとスーッと肩の力が抜けて、心の底から安心できる。その日に嫌なことがあったとしても、もういいや、忘れようって思えるんです。

私は、気づくとつい無意識に周囲に壁をつくってしまうタイプです。壁の外の仕事現場では、実はあまり得意ではないバラエティ番組のお仕事もそつなく笑顔でこなしてるフリをする。内心、モデルがテレビに出るなんて場違いではないかと不安になることもありました。だから私は自分のモデルの肩書は、観たくても恥ずかしくて観れないんです。そもそも動いてる自分を見るのが実は苦手だから、モデルが出てる番組のOAは、観たくても恥ずかしくて観れないんです。そもそも動いてる自分を見るのが実は苦手だから、モデルの肩書きにも負けてない自分に自信がないんだと思う。でも負けず嫌いな性格だから、出来ないとは言い

たくなくて。出来る自分をイメージして仕事に臨んでいます。「マギー」への周りからの評価は、こういう仕事をしているといやでも耳に入ってちゃうものだけど、感じ方、受け取り方はひとそれぞれだから……と思うようにして。いつからそうやって自分を守って生きてきました。

こんな性格になったのは、たぶん10年以上前からかなぁ。小学校3年生のとき、私は親の仕事の都合で京都から横浜に引っ越してきました。そこで待っていたのは、珍しい京都弁と、カナダとのハーフである自分の顔に対してのイジリ。中学に進学してもその印象は抜けなくて、さらに状況はエスカレート。学校中に「マギーと喋るな」って回されたりしたことも。当時同じ学校には心を許せる友達はあまりいなかった。そんな子たちの前で私が唯一胸を張れるのはバスケでした。部活で、実力でキャプテンに選ばれたときは嬉しかったな。いつかもっと見返してやる！ってそのとき思った！それが、夢だったモデルになれた原動力のひとつでもあるかもしれません。負けず嫌いの気の強さは、きっとここから来てるんだろうな。そんな流れで、高校は心機一転したくて、地元から少し離れた場所に進学した

マギーゴロク①

可愛いひとが好き。
いつも私の前では素直で
ピュアでいてほしい。

087

のだけど、そこからは学生生活が一変、本当に楽しくて、素敵な仲間に恵まれました。そこで出会った親友は今でも私の大切なひとりなひとです。

でも、ひとの気はいつ変わるかもわからないし、自分をさらけだせる数少ない存在の一人です。過去の経験からか、いつしかそういう怯えが常につきまとうようになって、ひとに心を開くのが難しくなってしまったんです。無意識のうちにその壁に入ってきて距離を置いてしまう。今までその壁に入ってきてくれたのは、学生時代の親友と、家族と……あと、特別な異性。それは全員私にとってのLOVEなひと。愛の形はそれぞれ違うけれど、大切な大切なLOVEなひとたちです。

家族LOVE

うちは両親が離婚していて、私が2歳半のときから私と弟はダディに育てられてきました。もちろん、当時も今もマミーとは仲良しだけれ

ど、うちには多感な思春期に"お母さん"と呼べる存在がいませんでした。小学校のときに一度号泣しながらマミーに訴えたことがありました。どうして離婚したの!?って。当時、学校で人間関係がうまくいってないときだったから、そのすべてを親の離婚のせいにしてしまって……。これが後にも先にも私がキレた唯一の経験。ダディはいつも一番近くにいてくれたけど、女の子としての悩みもたくさんあったから……だから、初めてのブラや生理の話もやっぱりマミーにしか相談できない、ずっと離れて暮らしているから、どうしても価値観の違いが出て来たりもするけど、どんなに離れた場所にいても、心はいつもそばにありました。常に味方でいてくれたことを、本当に感謝しています。

親が離婚したから強くなれたし、人の痛みも感じられるようになったと思う。だから今は責める気持ちは全くありません。だってマミーは自分を産んでくれたひと。大好きな弟を産んでくれたひとだから。

ダディは、私と弟に本当にたくさんの愛情をくれました。男手ひとつで二人の子供を育てる

マギーゴロク③

常に恋してなきゃ無理！
好きなひとがいるから
仕事も美容も頑張れる。

マギーゴロク②

愛してくれるひとがいると強くなれる。
どんなに嫌なことがあっても、
そのひとに会えたらもう大丈夫。

のはとても大変だったと思うけれど、いつも私たちを一番に考えてくれて、"I love you"と言ってくれます。ダディの前だと自然と心から笑顔になれる自分がいる。すごく自由なダディだけど、心から大好きで尊敬しています。
そして、私の最愛の弟、ビリー。今までの決して平和ではなかった生い立ちを、いつも共にしてきました。辛いときも楽しいときも常に一緒だったから。ビリーへの愛情はとっても深いものがあります。私はビリーがいないと生きていけないいし、ビリーも私がいないと生きていけないかな。幼い頃から複雑な家庭環境の中、二人で支え合ってきたから、ビリーと私の結束力はすごいです(笑)。ずっと、ビリーを守らなきゃ、なんとかしてあげなきゃって思って生きてきました。その気持ちがあったから頑張ってこれたと思う。これからも、何があっても、ビリーの味方でいたいなと思います。
家族がいるから今の自分が存在するんですよね。やっぱり私のLOVEの原点は家族だなぁと思っています。

恋人LOVE

結婚願望はかなり強いほう。温かい家庭にとっても憧れているんです。当たり前にお父さんとお母さんがいて、家に帰ったら美味しいごはんが用意されてるような、温かい家。親が離婚していることもあって、そういう普通の幸せをとっても夢見ています。恋人はいつか家族になるかもしれないひとだから、付き合うなら結婚を考えられるひとじゃなきゃイヤだな。
今思えば、中学時代から今まで一日たりとも恋をしなかった日はなかったと思う。恋をした相手はみんな違うタイプだったけれど、その全員が、私の分厚い壁を難なく壊して内側に入ってきてくれた。恋をすることに理由はないとよく言うけど、本当にその通り。もちろん、泣いたり失敗したり、恋だから色々あったけど、その経験があって、今の私がいる。好きなひとに可愛いって思われたい、好みの女の子になりたいって気持ちがパワーに変わって、すごい力を発揮して、美意識が自然と高まるんだろうな。私の美の秘訣は、言うなれば恋なのだと思います。

マギーゴロク ④

求められるのが好き。
求められたら、その分だけ返してあげたい。
いつも相手を喜ばせていたい。

マギーゴロク ⑤

ずっとラブラブでいる秘訣は、
たま〜に相手のツボを刺激すること。

そんな恋の始まりはたいていいつも私のほうから。どうしたら振り向いてくれるのか、考えて考えて、相手はどんな女の子が好きなのか、考えて考えて、相手の色に染まっちゃうのが私の恋のパターン。恋愛遍歴とともに私のファッションも変わってきたくらい。よくプライドが高そうと思われがちだけど、恋においては全くそんなことはなくて。むしろ、好きになったひとの前ではプライドゼロだから好きになったひとには素直に気持ちを伝えたい。相手が不安にならないように、いつも愛を伝え続けていたい。私も、基本的にひとを喜ばせることが大好きなんです。だから好きなひとになら尚更、尽くしたくなります。

前にね、恋がうまくいった次の日に撮影があって現場に行ったら、スタッフさんに、「何かいいことあったでしょ。キレイになった」って見破られたことがあって。そんなに顔に出てた!?ってびっくりしちゃった。でも昔から恋愛でいいことがあると、そのハッピーオーラが出ちゃうタイプで。恋をしてるひとはキレイって言うけど、まさにこういうことなのかな。逆に悪いことはそんなに出ないから、うまくいってないときでも仕事には影響しない。これってすごくいい性格だなと自分で思ってる。恋を仕事のパワーに変えられる力があると自負しています（笑）。

私が恋人に求めることは、いつも素直でピュアでいてほしいし、ただそれだけ。なんでも隠さずに言ってほしいし、カッコつけてほしくない。そういう可愛いひとも多いけど、大切な相手には恥ずかしがるひとも好きなんです。日本の男性には分かりやすく愛情をたくさん伝えてほしいな。愛されてる実感があると、私はそれ以上の愛で返したくなる。それを相手が感じとってくれてまたさらに私に愛をくれる。こんな関係になれたらこのうえなく幸せ。いつも相手を意識してドキドキしていられる関係って素敵だよね。

結婚願望が強いし恋に安定を求めてはいるけど、それは怠惰になることとは全く別。自分を愛してもらうためには、日ごろから可愛いって思われるための努力が必要だと思うんです。おうちでもちゃんとした可愛い部屋着を着て、時にはドキッとするランジェリーでスパイスを加えてみたり。香りにこだわってみたり。ずっとラブラブでいるためには、そうやってお互いのツボ

刺激することが大事だと思う。相手が何をされたら嬉しいか、喜ぶか、興奮するか。それを考えるのが秘訣だと思う。恋って本当に楽しい。ひとを愛して愛されて、今のマギーという人間が出来上がっているといっても過言じゃない。恋してるから美容も頑張るし、みんなに可愛いって言ってもらえる。女の子に生まれて本当によかったと思う。

壁の内側ではこんなにも甘えん坊な私だけれど、ひとたび壁の外に出るとまたバリアを張り巡らして、つくった自分を頑張ってしまう。毎日その繰り返しで、ときどき冷たい人間に見られてしまうこともあるのは事実。外では完全に仕事モードだから、自分に厳しくひとにも厳しく……。それを時にはワガママと捉えられてしまったりもして。たまにそんな自分に疲れちゃうこともある。もっとみんなと和やかにお付き合いできれば楽なのにって。一人で勝手に厳しさ出しちゃって何やってるんだろう、って落ち込むときもある。でも、数少ない私の壁の中の人切なひとと、お互いのことを分かり合えているから大丈夫、ってまた頑張れるんです。私の大切なひとたちはみんな、いつだってピュアな気持ちで何事にも頑張ってるひと。そして愛を感じるひと。私も愛をあげたいと思えるひと。外でどんなに嫌なことがあった日も、すぐに切り替えられるのは、このひとだけは本当の自分を愛してくれている、ずっと味方でいてくれるって存在があるから。愛してくれるひとの存在で、自分がなんだかとっても強くなれる気がする。だから私にはLOVEが必要。LOVEは私の宝物。

マギーゴロク⑥

愛を感じるひとには、
自分からも愛をたくさんあげたい。

Q. 初めて彼に渡すプレゼントってなにがいいと思いますか？

A.「なにをあげるか悩む前に、まずは彼の金銭感覚を探ることが大事かも。たとえば、もし彼からブランド品のプレゼントをもらったことがある場合は、ブランド品をあげても大丈夫。そのパターンで、私はDiorのニットをプレゼントしたことがあるよ。こういうときの金銭感覚って価値観にもつながるものだから大事にしたいよね。ただ、そんなこと関係なく無条件で彼が喜んでくれるものは、やっぱり手づくりのものだと思う。私は彼の誕生日にはケーキを用意する派です。あとは彼が欲しいものを直接聞いて、それも一緒にあげるとか。でもとにかく、考えてくれたんだって気持ちが一番うれしいハズだよ！」

Q. 彼にスッピンを見せるのが怖いです

A.「自分の内面をさらけだすみたいで、勇気のいることかもしれないね。ならデートのたびに徐々にメイクを薄くしてみたらどう（笑）？　きっとね、あなたが思っているほど心配しなくても大丈夫だよ。だって彼にとってあなたは好きな人なんだから。もっと自分に自信を持つべき。とは言ってもね、自分が慣れないと自信も持てないしね。少しずつメイクを薄くして慣らしていこう」

Q. 彼とは長い付き合いでマンネリ化してます。どうしたらラブラブになれますか？

A.「まずは自分磨きから始めてみて！　一番良くないのは、彼にどうしてほしいとか、相手に求めてしまうこと。自分をもっと見てほしいなら、自分から輝かなきゃ！　美容系はもちろん、料理だっていいし。女として楽しい、気分がアガることをやってみるの。そうすれば自然と女は可愛いオーラが出るものだって思ってる。結果、彼の見る目も変わってくるはず。常に自分への努力は忘れずに！」

Q. 好きになった人が自分に全く興味がなさそう。どうアピールするべきですか？

A.「本当に振り向かせたいなら自分が変わるほかない。彼はどんな人がタイプなんだろうって探って、その理想に一歩でも近づけるように努力するの。彼のことが本当に好きなら、そんな過程も楽しめると思うんだよね。私も過去の恋愛全て、彼の好みに合わせてファッションを変えて生きてきた人です（笑）。L.A.ファッションのときもあれば、ガーリー系のときも、ストリート系のときもあったなぁ。あとは、今までにたくさん連絡していたなら、ぐっとこらえて突然やめてみるとか。きっと彼はどうしたんだろう？って思うはずだから」

Q. 親友と同じ人を好きになってしまいました。どうしたらいいでしょうか？

A.「親友かぁ……でも、好きになったら自分の気持ち、止められなくない？　突っ走るのみな気がするけれど。もし友情関係について悩むくらいなら、その恋は諦めたほうがいいと思う。突っ走る覚悟を決めたなら、まず親友には自分の気持ちを先に伝えて堂々としてね。そこからは、どっちが振り向かせるかの恨みっこなしの努力勝負だから。もしその結果次第で壊れるくらいの友情だったなら残念だけどそれまでだったってことじゃないかな。でも、この状況は辛いねぇ。できれば避けたい（笑）」

Q. 好きになった人がまわりから反対される人だったらどうしますか？

A.「反対されるにも色々理由があるけれど、たとえばお金とか女関係にだらしない、いわゆるダメ男だったら……でも、まわりがなんと言おうと、どうせ止められないでしょ（笑）。好きになってしまったらしょうがないんだよねぇ。実際に自分が傷ついてみないと分からないと思う。恋愛は結局自分が納得しなければ解決しないから、常に自分の気持ちに正直に行動するしかないんじゃないかなぁ……」

女子の悩みにマギーが真剣に答えます！

遠距離恋愛中です。どうしたらうまくいきますか？

A.「わー辛いよね、会いたいよねぇ。なら、会いたいときは無理してでも会いに行くしかないと思う！ 簡単なことではないけれど、遠距離の人ってうまくいかない理由を距離のせいにしちゃうから。生きている限り、海外でもなんでも頑張れば会えるよ。たとえ1時間でもいいから会いに行ってね。あとは、信頼し合うことに尽きるね。相手を安心させてあげるためにも、常に気持ちを伝え合ってね。今の時代、ありがたいことに、スカイプもあるわけだし。顔を見てお話ができるから。そんなこと言ってはいるけれど、私自身は遠距離恋愛は向いてないタイプ……。できる限り毎日愛情を肌で感じていないと無理。もしも遠恋をすることになってしまったら、きっとどんな距離でも1時間会うために私は行く!」

彼が一切手を出してこないんです。どうしたら距離を縮められますか？

A.「男の人から来るのが当たり前って思ってしまっていない？ それは全く当たり前ではありません！ 女だからっていう変なプライドは捨てて、自分が近づきたいなら、その気持ちに正直になってみるべきだと思うよ。恋愛はね、待ってるだけではダメ。常に素直であるべきだと思います」

彼のファッションが好みじゃないんです。どう言えば変えられますか？

A.「私なら、一緒に雑誌を見て、"これ似合いそうじゃない？"って優しく言ってみるよ。で、一緒に買い物に行く。意識をしなくても普段から彼に似合いそうな服とか靴は、"似合いそう！"って言っちゃう性分。逆に私も"私に似合いそうなのあったら教えてね♥"と言ってみたり、雑誌を見せて"この中でどれが一番好きー？"って聞いたり。お互いに好みを言い合えたら、彼も嫌な気にならないんじゃないかな」

彼が自分の友達に私をなかなか紹介してくれません。隠したいのかも？

A.「その不安な気持ちを今すぐ素直に彼に伝えようね。思ったことはすぐに伝えて話し合うべき。彼は隠したいとかそういう理由じゃないかもしれないよ。恥ずかしがる人もいるし、もしかしたら彼の友達のことを彼が信頼していない場合だってあるかもしれない。だとしたら大事な彼女を紹介したくないよね。話し合ってみないと、相手がどう思っているのかけ分からないから、彼のことを変に疑う前に気持ちを正直に伝えよう！」

元彼と今もセフレです。でも今彼がいるし、卒業したいです

A.「今楽しいでしょ、その刺激。少しキツいこと言ってしまうけど、痛い目にあわないとやめないよね。今の彼のことは真剣ですか？ その彼を思えば本当は、そんなことできないと思うんだよね。今のままだと近い将来、今の彼を失うことになると思うけど、それを想像してみて。恋は色々経験だよねーと言ってしまえばそれまでだし。でももし今彼を失いたくないなら、今すぐにやめるべきだと思うよ」

彼の過去の恋愛遍歴が気になって仕方ないです。聞いてもいいと思いますか？

A.「私は彼のことを全て知っておきたいから、聞くタイプ。でも、性格次第じゃないかなー。聞いてただ不安になるだけなら、やめたほうがいいと思う。ちなみに、私が昔付き合った人は心配性だったから、聞かれても彼のためにも絶対に言わなかったよ」

彼が浮気してそうです。携帯電話を見てしまっていい？

A.「ケータイを見るって、基本いいことないからね（笑）。私なら、浮気してるって確信しちゃってから覚悟決めて見る！ 別れる理由をつくるためにね。浮気には目をつぶってでもこれからも関係を続けていきたいと思うなら、見ないほうがいいよ。要は自分がこれからどうしたいかだね」

5. LOVE MAKE-UP,
LOVE TALK

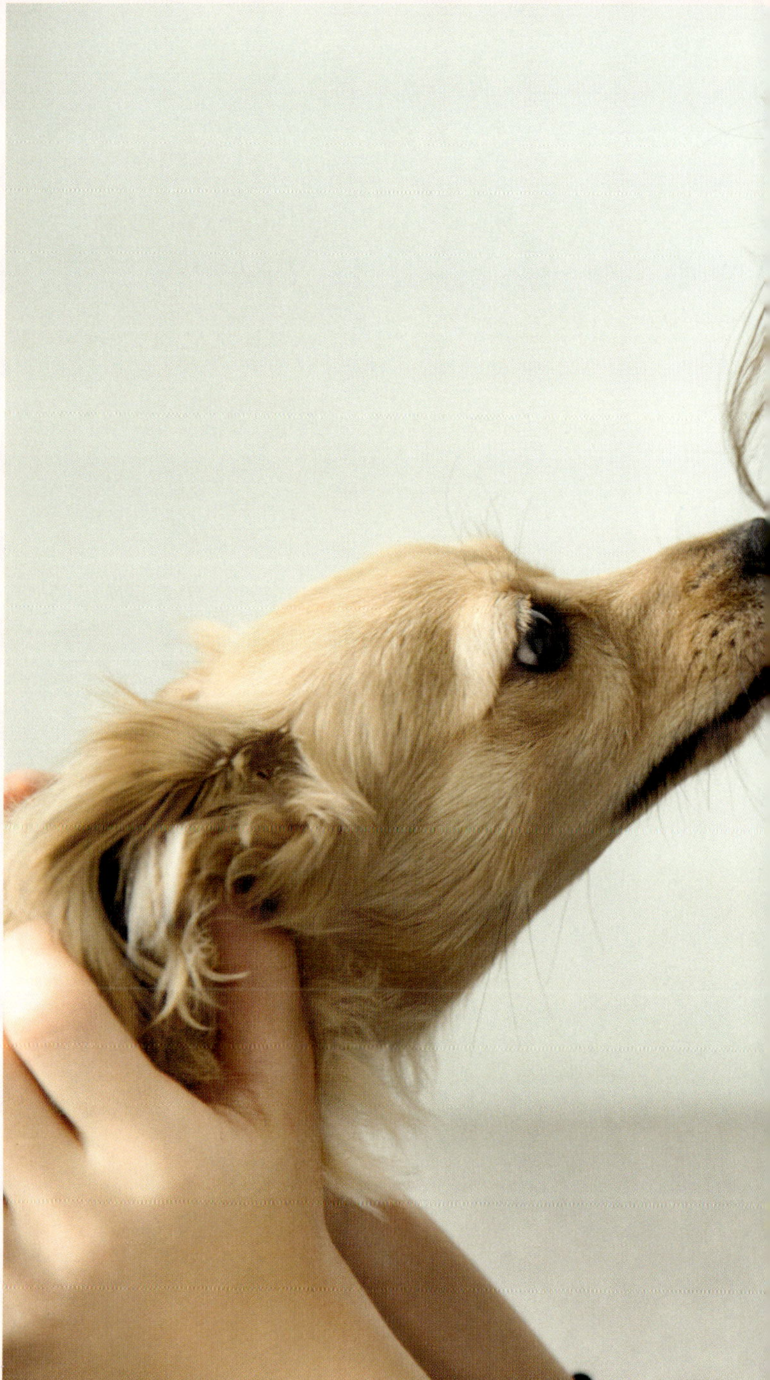

Letter from Billy

いつも一緒だった。弟からの手紙

5. LOVE MAKE-UP, LOVE TALK

Dear マギー

　日本での活躍など露知らず、去年留学先から帰国した僕。6年ぶりに見たあなたは、全身からものすごいオーラが出ていてさ、世の中の人たちみんながマギーを知っていることに本当にびっくりしたよ！　でも、テレビの中のマギーを見ても、僕が知っている姉そのままで、有名になったこと以外なんにも変わらないよね。そのツンデレの性格も(笑)。

　幼少期、母親と呼べる存在がいなかった僕にとって、マギーは母親代わりだった。たくさん喧嘩もしたけど、いつだって僕に無償の愛をくれたね。覚えてるかな、僕らが小学校低学年の頃。両親の帰りがいつも遅くてその日も夕飯が用意されていなかった。腹ペコなのに家には食べ物がほとんどなくてさ。そしたら台所の奥からこっそりマギーのポケモンパンを持ってきてくれたんだ。そして半分僕にくれた。そのパンは、継母に次の日のお昼に食べなさいと言って聞かされていたものだったらしく、案の定あとでマギーは継母にこっぴどく叱られてた。学校でいじめられていたときもマギーが守ってくれた。当時はとても年上に思えたけど、実は僕たちたった1歳差なんだよね。昔からしっかりしすぎてるから、つい頼ってしまうよ。大人になった今も僕の将来を考えていつも手助けしてくれる。マギーがいたから毎日安心して生きてこれたよ。大袈裟かもしれないけど、僕にとっては最後の命綱のような存在なんだ。何があってもマギーだけは絶対にそばにいてくれる、絶対に助けてくれるから。おかげで僕の今の人生が成り立ってる。本当に頭が上がりません。最強の姉だよ、いつもありがとう。でも昔、僕が夢中でやっていたゲームのデータを全部消された恨みだけは一生忘れないからね(笑)！

RULE 6. MY ROOM

自宅公開：マギーの美容基地をお見せします

(2)

(3)

(4)

(1) 部屋の壁一面を覆うラックと棚。アウターはもちろん、カットソー類もハンガーにかけるのがこだわり。ブランドバッグとお気に入りの靴も並べて　(2) デニム類は畳んで棚へ。これ、ずっとやりたかったの。お店のようなイメージ　(3) シューズインクローゼット　(4) オフシーズンのものは扉付きの収納庫へ

CLOSET

見ているだけでキレイになれる私だけのブティック

自分の好きなものだけが並べられた、とっておきのブティック。いつでもおしゃれしたい気持ちになれて、
美意識が高まって、毎日ハッピーでいられる場所。だから、いつも目につくようにあえて見せる収納にしています。
ここでお出かけの前日、明日はどんな自分でいこうかを考える。この空間は私が本当に好きなものだけ。
それってこの上なく幸せなこと。

(1)

(8)

Living Room

一日中家にいたいほど居心地のいいMYオアシス

シャビーシックなテイストが大好きで、イメージはビバリーヒルズの上品な女の子が住んでそうなおうち。
かといって、おしゃれで気張りすぎは疲れちゃうから、家に帰ってきたらホッとできるような、
いい意味での生活感を大事にしています。ここにきて約1年。いつもはすぐ引っ越したくなるんだけれど、このお部屋には
しばらくお世話になる気がしてる。それだけ私にとって心地いい場所。自分が自分らしくいられる場所。

(1)

(2)

(3)

(4)

(5)

(6)

(7)

(1) 初めて一人で表紙を飾ったViViをいつも目につくところに。これを見るといつも頑張れる　(2) 一人暮らしをする前から夢だったシャンデリア。セローテ アンティークスのもの　(3) 生活になくてはならない香り。香水はその日の気分で使い分け　(4) メインアートはオリバー・ガルの絵。ドラマ『ゴシップガール』を見て憧れて購入　(5) 女子力も気分もアガるお花は常に飾ってる　(6) すごい量の箸置き。案外家庭的でしょ(笑)　(7) 可愛らしく一枝の花を。ローテーブルはデザインスタジオ ウッドのもの　(8) 部屋の雰囲気を左右するクッションカバー。柄のものはカッシーナ、ファーはサイト「グラムール セールス」で購入。ソファはアデペデ

(5)

BEDROOM

大好きな香りに包まれて
女子力をチャージする空間

一日の終わりにボディクリームを塗ってストレッチしてスキンケアをして。また明日からの美意識を高めるための大切な時間を過ごす場所。セクシーなランジェリーと可愛い部屋着、そしてフレグランスとキャンドルの甘い香りで、女になれる空間を最大限に演出しています。そのおかげで今の私がいる。カワイイも色気もLOVEも、全部ここでつくられてると思ってる。睡眠欲には逆らわないよ。休日はアラームをかけずお昼くらいまで眠ります。

(5) 色気を出すためのスパイス、ランジェリーキャミ。ヴィクシーのものばかり (6) 寝室にもシャンデリア。セローテ アンティークスのもの (7) ボディクリームにルームフレグランス。甘い香りに包まれて寝たい (8) サングラスは見せる収納に。毎朝ここで選んでお出かけ (9) アクセ類も見せる収納。白いフレームのアクセ入れは雑貨屋のOUTLETでなんと3000円くらい

(6)

(7)

(8)

6. MY ROOM

(9)

(1)

(2)

(3)

(1) 可愛い部屋着は女子の基本。裸にガウンを着てお風呂上がりのマッサージ。カシウエアが好き (2) どうしてもバイバイできないコたち。中には高校生の頃からの付き合いのコも (3) 私を極上の睡眠に連れていってくれるベッドは大塚家具。こだわりのリネンはシャビーシックのもの (4) ベッドまわりにイルミネーションライトを置いてるの。こうやって部屋を暗くして毎晩ボディクリームを塗ったり、シートパックしたり、キャンドルをたいたり。美容の時間を極上なものにするための演出。こういうことって女の子にとってすごく大事

(4)

103

Y

G

A G M

恋愛はたくさんするべき。
一人をずっと、もステキよね。
——萬田さん

早く30代になりたいんです。
大人の色気を身につけたい
——マギー

RULE 7. BEAUTY TALK

憧れの女性 萬田久子さんとの美容談義

お腹がすいたら食べる。美に直結する食は欲するままノンストレスに

マギー（以下マ） 萬田さんは、テレビの仕事でお会いする前から私の憧れの存在で。自分の本の中で対談できるなんて夢みたいです。今日がくるのをずっと楽しみにしてました！

萬田さん（以下萬） そうなの？ 嬉しいわ〜。「母が萬田さんのファンなんです」って言われることはあるけれど、こんな若くて可愛い子に憧れてもらえるなんて。私、娘がいないから、ドキドキしちゃってどう対応していいのかわからない（笑）。

マ 娘になりたいです（笑）。今日は美容の話はもちろんですし、生き方とかポリシーとか、萬田さんの全部を知りたい！って思ってます。

萬 どうしましょう。恋愛のことなら教えられるかも、今は特に。

マ それもぜひ！（笑）。では、さっそくなんですが、やっぱり美容面に興味津々で。スキンケアは何を使っているんですか？

萬 ハーバーです。CMに出演しているからというわけじゃなくて、愛用者としてハーバーは本当にオススメね。CMのお話をもらった時に、使ってみないと人には薦められないので、とりあえず2週間使わせてもらったの。そしたら、即効性があるわけじゃないんだけれど、とてもやさしいと感じて。美容って情報過多でしょう。だから何が肌にいいのかわからなくなったり、値段が高いものがいいと思いがちじゃない。私もその頃はまさにそういう状態で。そんな時にハーバーという素敵なパートナーに出会えたことは、私にとって運命でしたね。それから24年間愛用しています。

マ このお仕事を始める前から美容に興味があったんですか？

萬 大好きでしたね。いずれにしても、美容関係か、美容とファッションのトータルで何かやってたんじゃないかと思いますね。すべてバランスなのよね。ひとつだけに偏ってても、おかしなものになっちゃう。衣食住。

マ やっぱり食生活も大事ですか？

萬 美容と関係してくると思います。一番つながっているかも。

マ じゃあ、1日3食、きちっと摂ったり？

萬 摂らないわね〜（笑）。お腹がすいたら食べる感じかな。キチッとはできないわね、性格的にストレスになっちゃう。お腹がすいた時に食べるのが一番いいと思いますよ。調味料にこだわったりはしますけど、ストイッ

107

若い頃の自分に固執せず
今に合わせて自分を変える。
それが "変わらない" 秘訣

マ　さっそく真似しようと思います(笑)。

ん です。

ヨコは必需品！ ちょっとお腹がすいた時にちょうどいい持ち歩いたりもしてますよ。最近はナッツやドライフルーツをでも食べられるように。最近は玄米のおにぎりを

が始まるとお家から玄米のおにぎりを

萬　ない！ 炭水化物も食べます。撮影

た！ 好き嫌いとかは……？

マ　そうなんですね。キッチリされてるのかと思ってまし

まんを買うのが楽しみ(笑)。

が多いけれど、帰りは必ずイカ焼きと551蓬莱のぶた

クではないですね。今、朝ドラの撮影で大阪に行くこと

らリセットさせるというか。達成感もあります。

マ　興味あります！ ダイエットというより、健康のため

によさそうですね！

萬　たとえば1ヵ月に2日間、水だけで過ごすとかね。自

分にあったやり方で取り入れてみるといいですよ。

マ　運動は何かしているんですか？

萬　ジムには20代の頃からずっと行っています。引っ越

すたびに近くのジムのメンバーになって。近くじゃないと

続かないから(笑)。今は空中ヨガと溶岩浴ヨガをしていて、

今日も朝行ってきましたよ。体を動かすのは嫌いじゃない

し、お酒がおいしくなるっていうのもあるし(笑)。去年、

美脚大賞をいただいて、その時にすごくトレーニングした

んですよ。片脚500gずつ筋肉をつけて。やっぱりね、

努力するとちゃんと結果は出るんですよね。やった分だけ体は応えてく

れますよね。

マ　それは私も実感してます。自信も出てくるし。

萬　そのかわりサボれば筋肉なんてすぐに落ちちゃう。キ

ープするのって難しいわよね。

マ　でも萬田さんはずっと変わらないイメージですよ。

萬　変わってるのよ。老舗の今半さんの言葉でおもしろい

のがあって、「みんなに変わらない味だと言われる。でも

実は時代のニーズに合わせて味を変えている。変えて時代

に合わせているからこそ "変わらない" と思われる」って。

それを聞いた時に思ったんですよ、私も20代のままだった

マ　最近ハマってる美容法はありますか？

萬　ファスティングはいいですよ。去年、フィリピンの「The

Farm at San Benito」で1週間ファスティングをしてね。

1週間に3〜4回腸内洗浄もして、とにかくスッキリ。今

年は行けなかったので、このあいだ自分でファスティング

をしたんです。1週間、体のスッキリ感が違います。中か

ら「変わった」って言われていたかもしれない。時代時代で変わってきてるからこそ、「変わってない」って思われるのかなって。どうしても若い頃とは違ってくるから、それなりに変えていかないとっていう想いはあるわよね。

恋するとキレイになれる。
男性は風紀委員・美化委員

マ　私、恋愛が肌に出るタイプなんですが（笑）、萬田さんはどうですか？　恋してる方がキレイになれると思いますか？

萬　絶対そうだと思う。だって内臓全部がハートですから、恋してる時は。細胞が喜んで、肌もキレイになるんじゃない？　胸いっぱいでお腹もすかないしね（笑）。やっぱり恋ってステキなことですよね。キレイになれると思う。

マ　たくさん恋したほうがいいですかね？

萬　恋愛はたくさんしたほうがいいわよ。傷が浅いもの、若いうちは。恋のテクニックも増えるしね（笑）。もちろん、一人の人をずーっととっているのもステキなことよ。その時の自分に正直に生きていくのがいいんじゃない？

マ　年をとってもときめく気持ちは忘れたくないな〜って思います。

萬　そうよね。でもそういう気持ちをキープするのって、けっこうエネルギーいるわよ。パートナーが亡くなって5年になるけれど、いつもお正月にみんなで箱根に行ってて、彼がいると女友達も朝ちゃんと眉をかいて薄化粧して「おめでとうございます」ってなるんだけれど、彼がいなくなったとたん、みんな眉毛をかかなくなっちゃって（笑）。あれはいけないな〜って。男性って風紀委員、美化委員だと思うんですよ。一人いるだけで違う。それがおじいちゃんでも、みんなちゃんと眉毛かくからね（笑）。おもしろいですよね。めんどくさいけれど、やっぱり男性の視線って大事だと思う。自分のためにも。

信念を持つのはしんどい。
ただし自由に楽しむぶん
その責任はちゃんととる

マ　萬田さんは今まで、やりたくない仕事ってなかったんですか？

萬　日本が爆発すればいいのにって思うこともありましたよ（笑）。すごくセリフが多い時とか（笑）。でも逃げても来ちゃうのよね、その時は。その解決策として学習したのは、勉強とかしなきゃダメってこと。一夜漬けじゃダメだと。だいぶ前から準備して、考えなくてもセリフが言

109

マ そのかわり次の日は一生懸命ケアしますけどね。エステに行ったりパックしたり。いいんじゃない？ 自由な方が。ただ、自分で決めたことや行動には責任は持ちますよ。

萬 そんなに楽しく美しくいられるのは何故なんですか？

マ 刺激が好きなのかも!?　まわりにもいい刺激をくれる人たちがたくさんいるし。ライブに行くのも大好き!!　今日はこれからBIGBANG、この前は郷ひろみさん、三代目J Soul Brothersにも行ったし、次はドリカム？　EXILEもね。ライブはエステと一緒よね。楽しいことが先にあると、気持ちが前向きになりますしね。あのライブ行くならこの服買っておこう！とかね。そういう気持ちって大事ですよね。仕事もがんばれるし。

マ 刺激、大事ですよね。恋と同じで（笑）。私も今日、萬田さんにすっごく刺激をもらって、明日からさらにお仕事がんばれそうです!!

えるようにしておかないと。

マ ストレスがたまったり、イライラを人にぶつけちゃうことはないですか？

萬 忙しくても、それなりに楽しんでるかな。ロケ先でおいしいものを探したりして、忙しい中で楽しみを見つけてるわね。まわりにあたってもしょうがないもんね。いい言葉が返ってくるわけじゃないし（笑）。あとは泳ぎに行ったり、友達やお酒の力を借りたりもします。

マ そういう余裕のある大人になりたいです。萬田さんは、座右の銘というか、生きるうえでのポリシーってあるんですか？

萬 いつも色紙には「人生楽しみましょ♡」って書くんです。仕事でもいい恋愛でもいいし、ファッションでも、もっと他のことでも。好きなものをいっぱい持っている人が勝ちです。信念みたいなものは持ったことがないかな。信念を持って生きるってしんどいと思うんですよ。私はうまく流されてきた気がします。ただ、いい流れを掴めるようにアンテナは張っていたと思います。努力は必要ですよね、やっぱり。

マ それは美容に対してもですか？

萬 ないよね、信念は（笑）。一昨日なんて、つけまつげをつけたまま寝てたしね（笑）。ヒールを履いたまま寝てることもありますからね。

マ めっちゃ自由（笑）！

Profile
1958年大阪市生まれ。80年、NHK朝の連続テレビ小説「なっちゃんの写真館」で女優デビュー。以後ドラマ、映画、舞台と幅広く活躍中。同世代のファッションリーダーとして支持を集める。現在、NHK「あさが来た」に出演中。

〔萬田さん〕ドレス／シャッツィ・チェン　その他／本人私物　〔マギー〕ドレス／DORIAN GRAY　パンプス／ROYAL PARTY　その他／スタイリスト私物

> 萬田さんは私の憧れです。
> 美しさも生き方も全部!

> 人生は楽しんだもの勝ち。
> 好きなものをいっぱい持ってる人が勝ちです

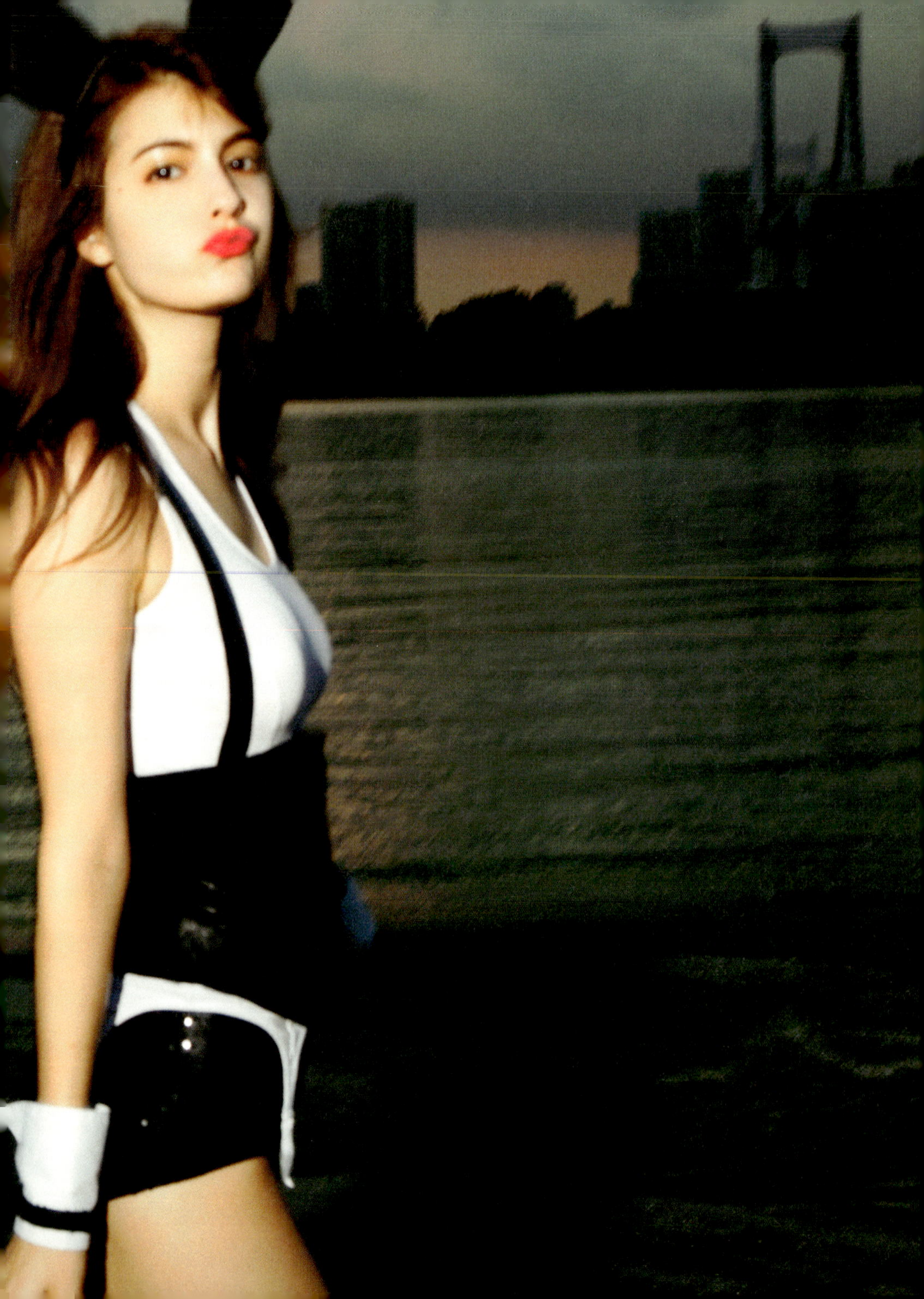

Wanna be

RULE 8. **MY DREAM**

夢があるから頑張れる

oops...

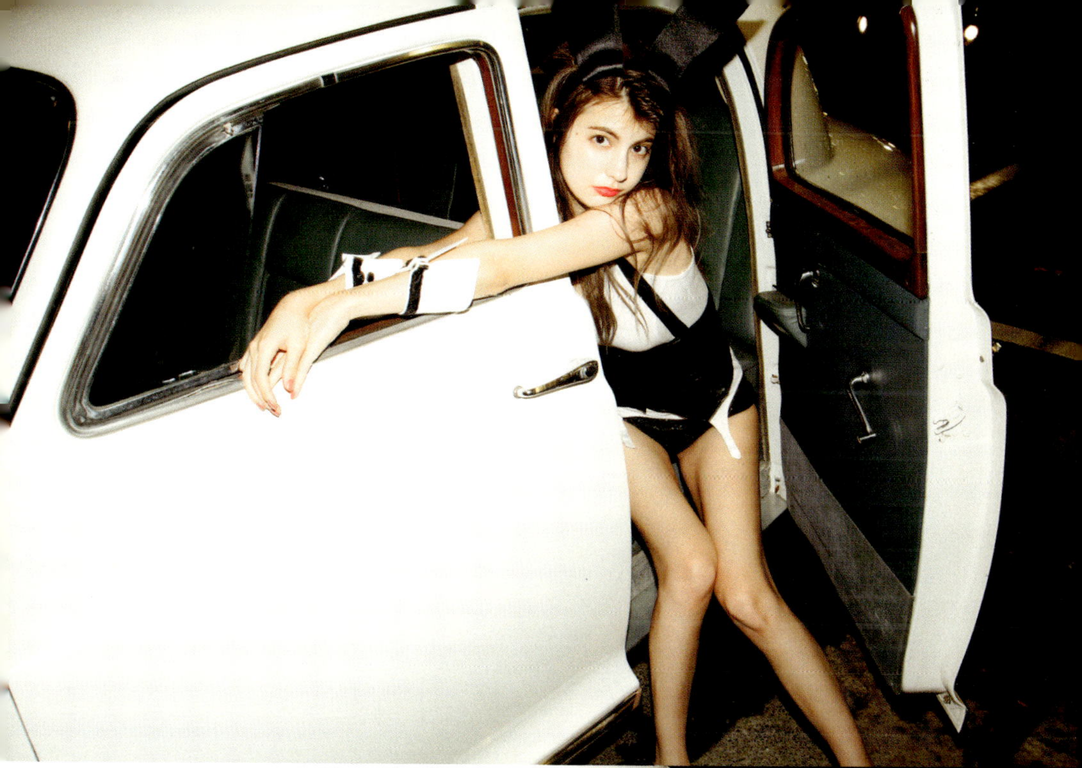
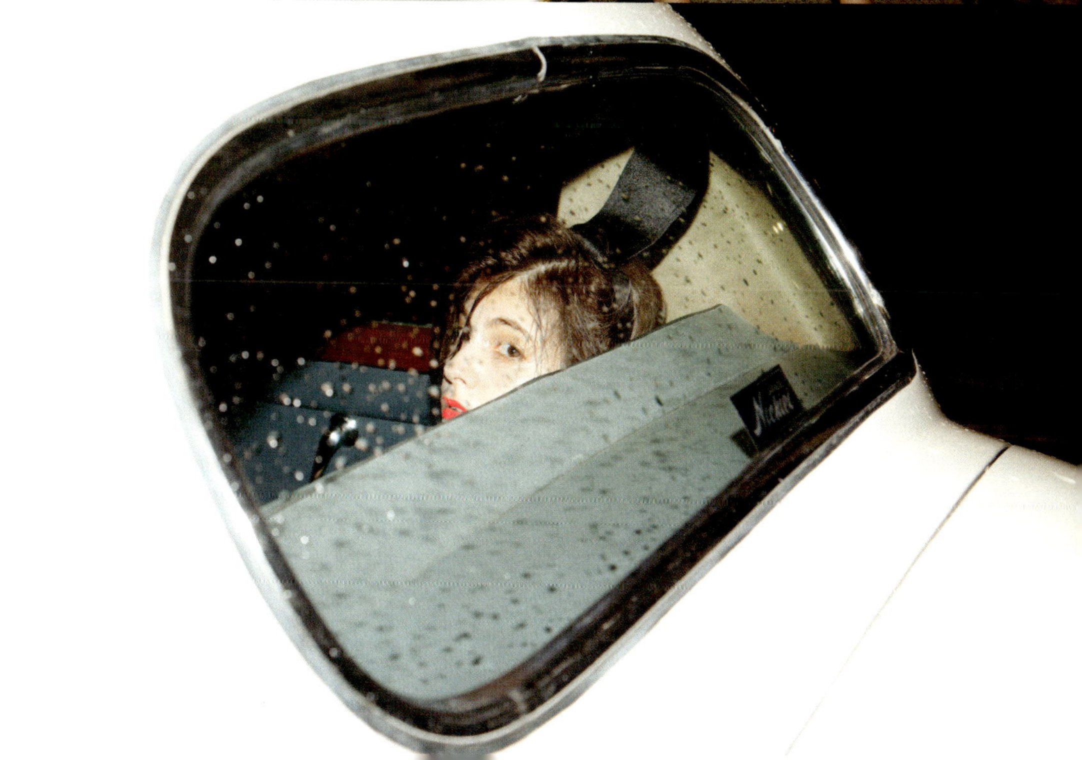

8. MY DREAM

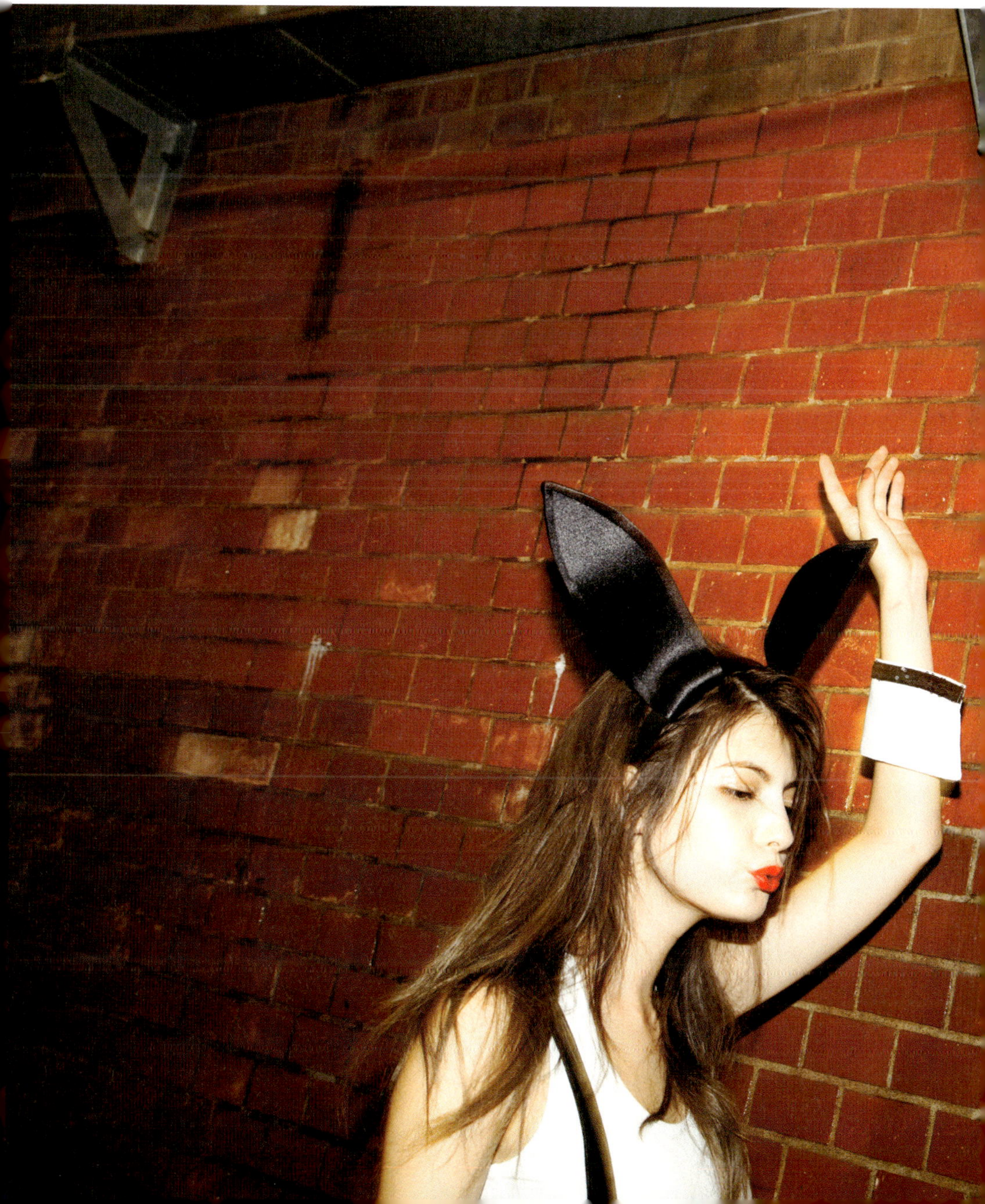

いつも頭の中に存在している。
すらっと高い身長に、細くて長い脚。小さい顔と、ツヤツヤの美しい肌。
引き締まったボディに、輝く笑顔のエンジェルの姿。
女性の"美"が全て詰まった、あの夢の世界。
ああいう"美しいもの"になりたいっていつも思いながら生きてきた。

ヴィクシーのエンジェルといえば、過去に数々の有名モデルを輩出してきた
いわばトップモデルへの登竜門。
18歳で東京に出てきて、初めて住んだ渋谷のおうちの壁一面に
エンジェルたちの切り抜きを貼ってました。
その隣に、少しヴィクシーの世界観ぽく撮影できた
自分の写真を一緒に並べて貼ったりして（笑）。
どうしたらなれる？　毎日思いながら、自分なりの"美"を追い求めてきた。
いつしか、実際にエンジェルになりたい、と願うよりも、
エンジェルのような"究極の美の象徴"になりたい、と思うようになっていました。

初めてヴィクシーのハワイ店に行ったとき。
フィッティングルームのピンクの世界にドキドキしたあの感覚。
そしてピンクのランジェリーを手に取ったときの高揚感。
心の底から美しいと思えるものに触れて、何かが変わった。
ピンクを好きになったのは、実はそこが始まりだったと思う。
色気を持つことに目覚めたのも。
ヴィクシーは私を女にしてくれた存在。
"美しさ"がそこまで人に影響を与えるなんてすごいと思わない？

今の私は自分が理想とする美しさに、どのくらい近づけているんだろう。
自己評価は……思い切って、70点!
決してマギーという人間に自信があるわけではないし、
むしろ自信はないほうなんだけど、
プロのモデルという肩書がある以上、美への自信だけは
強く持ち続けなければいけないと思ってる。
そのために努力していきたい。明日もあさっても。
自分に自信が持てるように。この自信が独りよがりにならないように。
そして、モデルとしてまわりの人にもっともっと認めてもらえるように。
ヴィクシーのエンジェルたちと肩を並べて歩く自分をイメージしながら……。

MY DREAM

ヴィクトリアス・シークレットの
エンジェルを夢見て……

xoxo...

8. MY DREAM

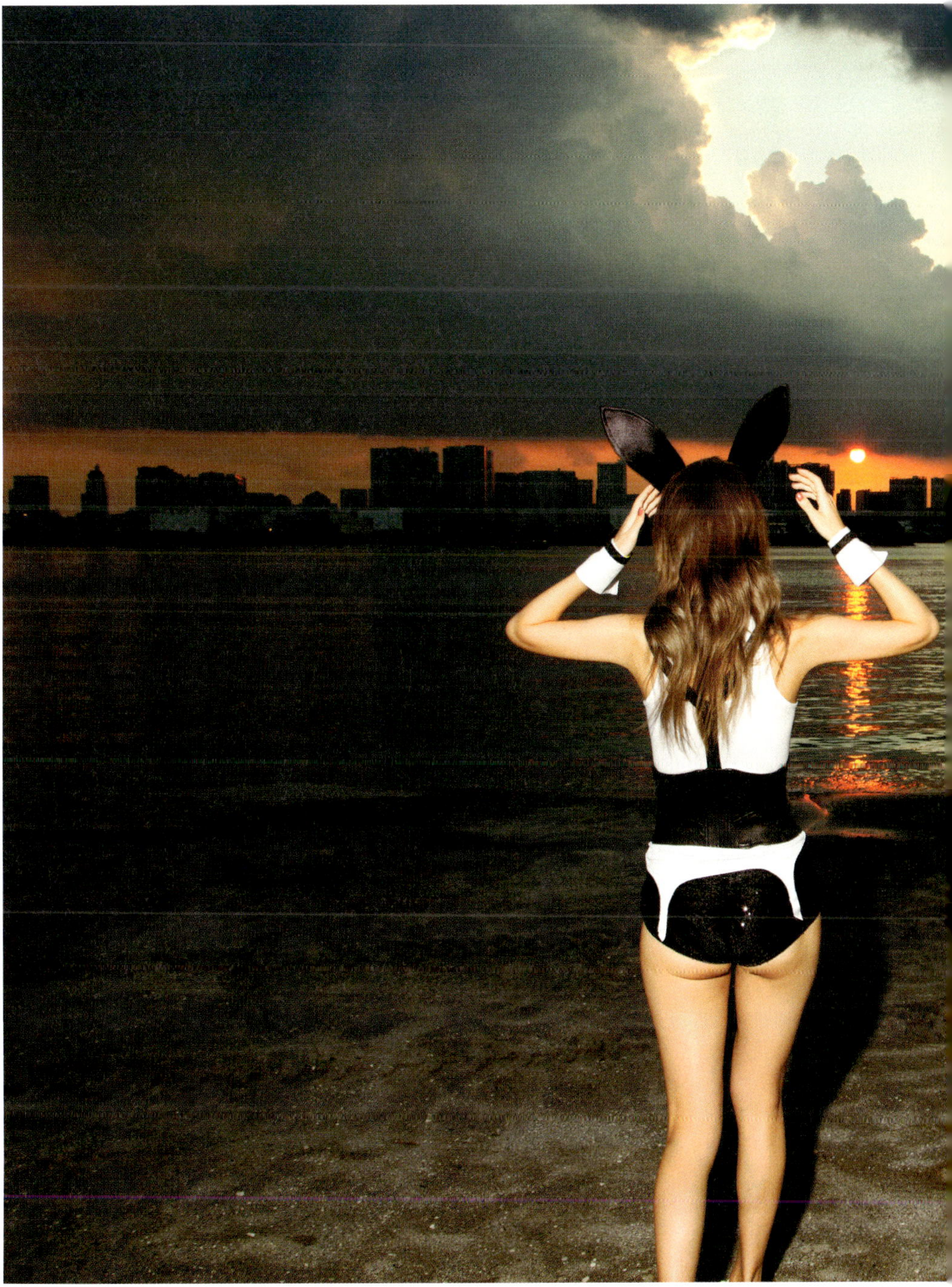

Page. 82

サスペンダー付きニットショーパン¥15800（上下セット）／priv.Spoons Club 代官山本店（priv.Spoons Club）Tシャツ¥2593／American Apparel

Page. 75

メガネ¥27000／ブリンク・ベース（EnaLloid）ワンピース¥42000／Vini vini

Page.57

ブラウス¥9000／the Virgin Mary　チューブトップ¥2305／H&M カスタマーサービス（H&M）ブーツ¥12500／PUNK CAKE　ショーパン／スタイリスト私物

Page. 14

タンク¥1000／サンタモニカ渋谷店　ブラ・ショーツセット¥14800／Priv.Spoons Club 代官山本店

Page. 8

バックオープンドレス¥17800／Priv.Spoons Club 代官山本店

Page. 86

ニット¥64000／Faline Tokyo (fifi chachnil)

Page. 77

ニット¥23800／blondy

Page.62

トップス¥27000／CANNABIS LADIES Laforet HARAJUKU (Kriss Soonik)　アンダーウェア¥2454／American Apparel　バッグ¥53000／ル・シャルム・ドゥ・フィーフィー・エ・ファーファー (Jane Woolrich) 靴／私物

Page. 37

ショーパン¥6580／エゴイストルミネエスト新宿店　ベルト¥5000／PUNK CAKE　ブレスレット¥4700／Grimoire

Page. 11

ボーダートップス¥4900／REDYAZEL ルミネエスト新宿店　ショーパン¥6389／American Apparel

Page. 114

タンク¥13000／ネットピング（クリスソニック）ショーツ・カフス（蝶ネクタイ、ベアトップ、バニーカチューシャ付き）¥24400／Hollywood Costumes 原宿店　スニーカー¥5300／コンバースインフォメーションセンター（コンバース）バニーカチューシャ、サスペ付きベスト／スタイリスト私物

Page. 81

ブラウス¥9000／the Virgin Mary

Page. 67

トップス¥3518／CARBOOTS　リボン／スタイリスト私物

Page. 49

Tシャツ¥7000／ナイチチ (Inpaichthys kerri)

Page. 12

ブラ¥3280／PEACH JOHN

ア行

RMK Division　☎0120-988271
アヴェダお客様相談室　☎03-5251-3541
アディクション ビューティ　☎0120-586683
American Apparel カスタマーサービス　☎03-6418-5403
アルビオン　☎0120-114225
アルファネット　☎03-6427-8177
アレスプランニング　☎0120-006667
イヴ・サンローラン・ボーテ　☎03-6911-8563
石澤研究所　☎0120-491430
伊勢半　☎03-3262-3123
Vini vini　☎03-3477-7378
ウエラ　お客様相談室　☎0120-411524
H&M カスタマーサービス　info.jp@hm.com
エゴイスト ルミネエスト新宿店　☎03-3358-3570
エビアン お客様相談室　☎0800-170-1100
大髙酵素　☎0134-54-7311
大塚製薬　☎0120-550708
オーピーアイジャパン　☎0120-559330

カ行

CARBOOTS　☎03-3464-6868
花王（キュレル）　☎0120-165692
花王（めぐりズム）　☎0120-165696
カシウエアアットホームアオヤマ　☎03-3402-0990
かどや製油　☎0120-115072
蒲刈物産　☎0823-70-7021
CANNABIS LADIES Laforet HARAJUKU　☎03-3404-3288
桐灰化学　☎06-6392-0333
クナイプお客様相談室　☎045-620-9979
久原本家 茅乃舎　☎0120-014-555
クラランス　☎03-3470-8545
Grimoire　☎03-3780-6203
クレイツ　☎092-552-5331
クレヨンハウス野菜市場　☎03-3406-6477
コンバースインフォメーションセンター　☎0120-819217

サ行

the Virgin Mary　☎03-6427-4709
サザビーリーグ ビーエフシーカンパニー Malie事業部　☎03-5413-7171
SABON Japan　☎0120-380688
サンタモニカ渋谷店　☎03-3462-1984
三和トレーディング　www.sanwatradinginc.co.jp
SHIMA HARAJUKU　☎03-3470-3855
シャッツィ・チェン　☎03-6212-2878
ジャンパール　☎0120-770469
シュウ ウエムラ　☎03-6911-8560
ジュリーク・ジャパン　☎0120-400814
ジョンソン・エンド・ジョンソン　☎0120-101110
シンワコーポレーション　☎0120-717617
スタイラ　☎0120-207217
ステキ・インターナショナル　☎03-6427-2577
THREE　☎0120-898003

タ行
第一三共ヘルスケア ☎0120-337336
太河 ☎043-228-6860
タカミ ☎0120-291714
ティーエーティー ☎03-5428-3488
ディーン＆デルーカ六本木店 ☎03-5413-3580
ディノス（ララビュウ）☎0120-343774
トム フォード ビューティ ☎03-5251-3541
DORIAN GRAY ☎03-3481-0133

ナ行
ナイチチ ☎03-5771-5198
長田食品 ☎0950-22-5544
ナチュラルハウス ☎0120-031070
日欧商事 www.jetlc.co.jp/
ネスレお客様相談室 ☎0120-005916
ネットリビング ☎03-6869-8672

ハ行
ハーバー研究所 ☎0120-128800
パナソニック お客様ご相談センター ☎0120-878365
Hollywood Costumes 原宿店 ☎03-5466-6772
パルファン・クリスチャン・ディオール・ジャポン ☎03-3239-0618
バロックジャパンリミテッド ☎03-6730-9191
PUNK CAKE ☎03-6804-2215
PEACH JOHN ☎0120-066107
ビーバイイー ☎0120-666877
Faline Tokyo ☎03-3403-8050
Priv. Spoons Club 代官山本店 ☎03-6452-5917
ブルーベル・ジャパン（香水・化粧品事業本部）☎03-5413-1070
ヘレナ ルビンスタイン ☎03-6911-8287
ポール ＆ ジョー ボーテ ☎0120-766996
ボニータプロフェッショナル ☎03-3433-8300
Why Juice? www.why-juice.me/

マ行
M・A・C（メイクアップ アート コスメティックス）☎03-5251-3541
マックス ファクター ☎0120-021325
マリエオーガニクス代官山店 ☎03-6455-3225
メイベリン ニューヨーク お客様相談室 ☎03-6911-8585
メディキューブ ☎0120-688369
モロッカンオイル ジャパン ☎0120-440237

ヤ行
ユウキ食品お客様相談センター ☎0120-695321

ラ行
ル・シャルム・ドゥ・フィーフィー・エ・ファーファー ☎03-5774-0853
レキットベンキーザー・ジャパン お客様相談室 ☎0120-634434
REDYAZEL ルミネエスト新宿店 ☎03-3354-3122
ROYAL PARTY ☎03-6825-9595
ロクシタンジャポン カスタマーサービス ☎0570-66-6940

STAFF

PHOTOGRAPHY —— Yasuhisa Kikuchi(Vale./p.1,p.37-41,p.49,p.57-86)
　　　　　　　　　Yuji Takeuchi(S-14/p.8-17,p.112-121)
　　　　　　　　　Tohru Daimon(p.18-33)
　　　　　　　　　Takashi Yoshida(makiura office/p.42,p.46-47)
　　　　　　　　　Ayako Nakata(p.50-53,p.100-103)
　　　　　　　　　Kenji Nakazato(p.90)
　　　　　　　　　Kentaro Kambe(p.106-111)
PHOTOGRAPHY(STILL) —— Makoto Muto,Yasuhiro Ito

STYLING —— Ruri Matsui (p.1,p.37-41,p.49,p.57-86)
　　　　　　Michiko Yamawaki(LOVABLE/ p.8-17,p.112-121)
　　　　　　Mikako Chinen(p.18-35)
　　　　　　Aino Masaki(p.90,p.106-111〈for Maggy〉)
　　　　　　Akemi Sou(p.106-111〈for Hisako Manda〉)

HAIR&MAKE-UP —— Mifune(SIGNO/ p.1,p.37-41,p.49,p.57-86)
　　　　　　　　　Hitoshi Nobusawa(p.8-17,p.112-121)
　　　　　　　　　Yuri Miyamoto(roraima/ p.18-33,p.106-111〈for Maggy〉)
　　　　　　　　　Keizo Kuroda(Three Peace/ p.106-111〈for Hisako Manda〉)

ILLUSTRATION —— Akane Ogura

TEXT —— Hiroe Miyashita(p.2-7,p.36-89,p.106-111)
　　　　Yuko Tsutsui(p.8-15,p.18-35,p.90-105,p.112-121)

EXECUTIVE PRODUCER —— Takashi Homma(LesPros entertainment)

ARTIST PRODUCER —— Katsuki Nishihara(LesPros entertainment)

ARTIST MANAGEMENT —— Gen Shinzaki(LesPros entertainment)

ARTIST MANAGER —— Noriko Kawamura(LesPros entertainment)
　　　　　　　　　　Nanami Harada(LesPros entertainment)

ART DIRECTION&DESIGN —— Hiroshi Kitta(attik)

RULE 9. FROM MAGGY

あとがき

最後まで読んで頂きありがとうございます。
モデル歴7年、やっと初のスタイルブックが
出せました！
応援してくれてるみんなのおかげ。
本当に本当に嬉しいです。

この本は等身大のありのままの私を詰め込み
ました。雑誌やテレビでは出し切れなかった
自分を、ぎゅぎゅーっと。
少しでもみなさんの参考や、励みになれたら
いいなと思います。

今23歳。まだまだ目標も夢も先の方に
あります。叶えられるように日々がんばりたいです。
頑張ったぶんだけ自信にもなるし、
必ず見てくれてる人がいると思っています。
辛い時は努力した自分を思い出して下さい。
大丈夫だよ。一緒にがんばろうね!!

これからも、こんな私をよろしくお願いします。
Love, Maggy

I'm マギー
アイム

2015年12月1日　第1刷発行

著者　マギー

発行者　鈴木 哲
発行所　株式会社 講談社
〒112-8001　東京都文京区音羽2-12-21

印刷所・製本所　大日本印刷株式会社

この本についてのお問い合わせ先
編集(出版)：東京 03-5395-3448
販売：東京 03-5395-3606
業務：東京 03-5395-3615

定価はカバーに表示してあります。
本書のコピー、スキャン、デジタル化等の無断複製は
著作権法上での例外を除き禁じられています。
本書を代行業者等の第三者に依頼してスキャンやデジタル化することは、
たとえ個人や家庭内の利用でも著作権法違反です。
落丁本・乱丁本は購入書店名を明記のうえ、小社業務宛にお送りください。
送料小社負担にてお取り替えいたします。
なお、この本の内容に関するお問い合わせは、ViVi 宛てにお願いいたします。

©Maggy 2015
©KODANSHA 2015 Printed in Japan
ISBN978-4-06-219898-1